怪奇海產店

海島子民的海味新指南

黃之暘 著

怪奇海產店

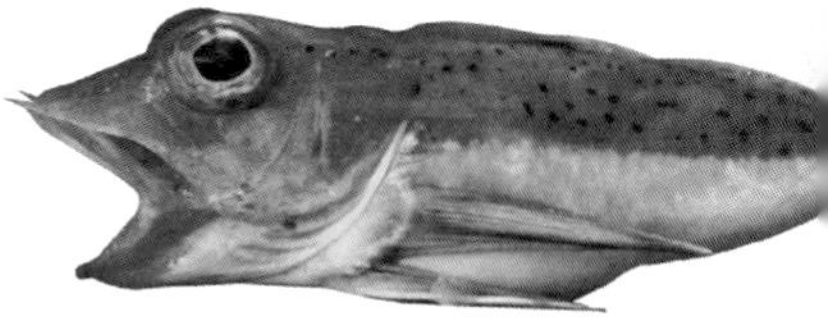

沒想到吃魚這麼有趣

行政院農業委員會副主任委員 陳添壽

服務漁業領域幾十載，從漁業署到農委會的公務生涯，多不脫水產範疇，雖然看的是漁業統計報表、接觸的是國內漁民、漁會乃至國外漁協團體及漁權合作國家，也深入從養殖生產到撈捕規劃等漁業政策研擬及執行，但在日常生活中，還是出現在三餐中的水產，最是真切並真實感受。

持續活絡的漁業生產，多仰賴產業的努力勤奮與分工合作，加上臺灣四面臨海且位處亞熱帶的優異條件，受到冷暖水團與洋流的滋潤，讓身旁總不乏鮮度奇佳的魚蝦蟹貝與海藻，提供食物之餘，也讓三餐營養均衡，更顧及現代人消費在健康上的多所考量。

原本以為所謂「吃魚」，就是挑新鮮、挑美味，然後再循季節與地理位置的特色，最好是接近產業聚落或產地周邊，享受現流直送的絕佳鮮度外，同時也符合現今多強調吃當令、食在地的飲食原則。更何況國內日益完善的加工技術與完善冷鏈，也讓吃魚、吃好魚、吃美味的魚，成為相較以往，更顯方便普及的飲食選擇。

直到受邀幫之暘撰寫這本書的推薦序時，藉由章節標題與內容，才吸引我去留意，原來身旁四處，總有除常見水產以外，別具特色甚至特殊選擇。可能是地區侷限、價格低廉且名不見經傳的漁業混獲，也可能是水產加工的副產物，經過養殖戶與廚師的巧手慧心，成為別具風味與品嚐樂趣的料理。其中也不乏大家只知其名，但卻不知何物的烹調食材；加上生產數量不多，或是價格利潤難以平衡成本，與質地碎弱、品質鮮度難以保持，而僅在產地周邊銷售的美味。透過章節內容說明後，不僅能恍然大悟，還能因此產生興趣，甚至特意規劃行程造訪品嚐。

臺灣擁有豐富且多元的飲食文化，同時普及的資訊流通，也讓本地的飲食兼容並蓄，百花齊放；除分別保留了荷蘭、日本乃至漳泉閩客與八大菜系箇中精隨，更分別以大宴小酌，特別是街邊巷尾與夜市中的各式小吃，成為聞名海外的推薦美食及旅遊必嘗。而其中，廣泛利用的各類水產的吃食，一來呈現了國內成熟富足的養殖與撈捕生產，另一則顯示了國人兼顧美味、營養與樂趣的消費偏好。特別是一天二十四小時中，從早到晚都能嚐到各類以水產品為主角、配料以及調味的巧妙利用，而讓風味別具特色，吃完不但唇齒留香，同時還回味再三。

只是隨著諸多如「海洋保育」、「責任漁業」以及「水生動物福利」等議題興起並被廣泛討論，如今不論從生產到消費，顯然都需更加珍惜、節約並重視這些分別來自養殖與撈捕的水產品，其中，消費者的選擇意識與行為，往往牽動了整體產業的發展，而此時，如何能夠有意識地吃、節約的吃，並且吃得高興也吃得盡興，我想在這本名為「怪奇海產店」的書中，大概可以一窺端倪。

例如因為處理大量養殖鱸魚或牛蛙，並經分切與加工製成外銷商品賺取外匯時所產生的胃部，以及在進行養殖箱網歲修清潔時自網具、浮筒與纜繩上所敲下的藤壺，都分別被冠上石斑肚與火山等特殊名稱，一來吸引消費者的好奇注意進而品嚐，二來則有效的利用了養殖副產物，並帶來前所未有的經驗與風味口感。或是諸如海香菇與石鼈般有著奇怪樣貌與名稱的食材，雖然是熱炒店、海產攤或餐廳中人氣十足的熱銷商品，但其實多數人在享受香辣過癮的風味之際，並不真的了解食材原貌或種類。但如果能透過書中內容介紹，了解其來龍去脈，或許能讓品嚐更加有滋有味。此外，與其在旅遊時打卡發動態留下記錄，藉由品嚐經驗與風味所留下的印象，往往更為深刻。例如書中多有提到的馬祖佛手、東北角的淺戳仔與方蟹，以及來自東港的那個魚，便帶我彷彿重新回到當時造訪的情境，感受這些食材在風味與飽食以外的特殊魔力。

這本書的誕生，不僅是之暘過去造訪各地，品嚐特色吃食的專業記錄，同時也是藉由風味踏查，與大家分享從產地到餐桌的有趣體驗。期待他能透過文字與照片，呈現更多有關於這婆娑之洋、美麗之島在產業、資源以及與我們生活息息相關的真實與美好。

海鮮，「知其所以 察其所由」

前行政院農業委員會漁業署署長 胡興華

臺灣四面環海，海洋資源豐富漁業發達，國人嗜食海鮮，除了漁撈、養殖生產以外，還從國外大量進口。

臺灣海洋被隔離數百年，一直到民國七十年代才解嚴，至今人民對海洋還是相當陌生保持距離。我們並沒有海洋國家的思維，缺乏「人文教化」的作為，教育民眾認識海洋、愛護資源、發揚文化。有人說「臺灣沒有海洋文化，只有海鮮文化」，諷刺臺灣人只是貪吃、追求口腹之慾，對海洋其他事務漠不關心。

知道之暘的新書書名為《怪奇海產店》，覺得奇怪也納悶，這本書到底想要帶給讀者什麼？是海產奇珍？介紹海味小吃？海鮮食譜私房菜？還是推薦各地海產店的菜色，閱讀到內容才顛覆我的各種猜測。

本書菜單介紹了四十八道菜，分為四個單元，前菜；下酒菜；主菜；小吃；調味提鮮，每道菜都不是什麼華麗大菜，其中除了四項調味提鮮，均屬家常使用的提鮮調味料之外，其他一般人並不熟識，甚至毫無所聞。作者就是總鋪師，把這些常被遺忘的海鮮食材，佐以海洋生物、生態、文化、社會、圖片等元素精心燴製，以「吃其然，知其然」之軸線貫穿，料理出一道道豐盛的海鮮組合。例如「那個魚」到底是哪個魚？它的來龍去脈，食材的特性與特殊的吃法，在漁村和庶民市場如何利用等，讀完本書以後，許多盤踞在心中的疑問自然迎刃而解。我很喜歡每道菜色都附上一張快速檢索，將相關的資訊都放在這張履歷表上，簡單扼要一目了然。

漁業達人出手不一樣，經過加料調配的料理，猶如在書中植入了智慧晶片，就像是影片配上了精彩的對白與音樂，凸顯出原作的深度與趣味性，頓時亮了起來。當食客在品嚐享受海產風味時，同時咀嚼它蘊藏的故事，那種超越的滿足感，非單純的感官享受所能比擬。

也曾一度憂心，本書出版了以後，會不會也同時擾動了老饕的味蕾，四處追鮮搶食，增加市場需求，過度捕撈傷害資源，其實，這些水產食材部分為養殖品，撈捕者分布全省各地，屬季節性、數量少或為魚體特別部位，處理過程繁雜，經濟上無法成為漁業的標的物，如果老饕想要嚐鮮，願意付出更多代價從下雜魚、加工廠中挑鮮來賞味，不但是廢物利用也可增加漁村收益。

吃魚不而知魚「囫圇吞棗」，吃魚應知其所以、察其所由，吃什麼、怎麼吃？生態資源、人文社會的狀態？暸解為什麼、應該怎麼做？從吃魚中學習，潛移默化改變思維態度，進而關心環保、食藝、社會與文化，蔚為習慣形成風氣，朔造在地的食魚文化。

本書海鮮故事內容豐富，為食魚教育及海洋教學好教材，也給社交餐敘帶來新話題，每當上菜出魚的時候，不再老生常談在魚的色、香、味廚藝上打轉，而可以有深度的談論議題，對讀者與消費者來說也算是一大收穫。

閱讀本書有感，特為之序。

親近海洋，認識臺灣海洋物種

行政院農委會漁業署署長　張致盛

臺灣是一個海島，地理位置處全球物種最豐富的東印度群島地理區北緣，以及東海、南海與菲律賓海三大海洋生態系的交會處，黑潮、中國大陸閩浙沿岸流與南海海流等三種不同海流交會，加以海域棲地多樣性，形成不同生態系是生物多樣性豐富的重要因素。參考國立海洋生物博物館網頁介紹，臺灣海洋生物目前所發現的種類，大約已佔全球物種的十分之一，在魚類方面，約有二千三百至二千八百種，珊瑚方面兩百五十至三百種，螃蟹三百種，蝦二百七十種，海藻六百種，海星、海膽等棘皮動物一百五十種以上，還有更多成千上萬小型海洋生物。

雖然身為海島國家，但大部分臺灣人卻對我們周邊海域生產的生物相對陌生，最主要的原因就是物種繁多，此外許多同物種生物在各地名稱都不相同，而一般社會大眾平常不常見到活鮮的海洋生物，當作為食材在餐廳經烹調料理後外觀已經截然不同，大快朵頤之後，講到名稱大多數人並不十分了解，或僅知道俗名。

黃之暘老師是位從小愛魚的水產專家，任教臺灣海洋大學多年，專長水生無脊椎、觀賞水族、水產養殖；魚市、漁港、小吃攤、臉書等都是他的食魚教育場所。最早認識黃老師是從其臉書發表的文章，經常分享臺灣周邊海域的物種，化身魚市場導覽員帶領粉絲認識海產，介紹捕撈的各種漁法、重要經濟魚種的漁業管理制度、推薦食用當令最鮮的海產、熟知鄉土料理，推廣食魚文化教育不遺餘力。黃老師文筆生動流暢，深入淺出，內容豐富，具有吸引讀者把文章看完的魅力，許多資料的蒐集是經年累月而來，對於黃老師能長期投入臺灣周邊海域水生動物的研究，並能將觀察研究轉譯為大眾易懂文字非常的佩服。

臉書分享之外，黃老師將蒐集資料撰寫成《怪奇海產店》一書，僅看書名就有翻閱的衝動，內容是以臺灣各地海產店常看到的海鮮為題材，以點餐順序與菜色類型做為安排，區分為下酒菜、主菜、小吃和調味提鮮等四部分。初看書名讀者或許會認為是介紹美食或食譜的書籍，但仔細閱讀後，深深發覺本書適合的讀者群非常廣泛。就對水生動物有興趣的人可多專注在怪異描述和種別特徵部分，怪異描述章節作者把每個物種獨特之處加以說明，讓人一窺個水生物種堂奧，而種別特徵一節描繪的非常詳細，比僅看標本照更容易認識這些物種。此外不同名稱的說明，讀者可以比對，避免因同物種不同名稱而混淆。對於海鮮美食有興趣的讀者可以食用方式、宰殺處理及品嚐現場，瞭解捕撈海洋生物的漁法、如何處理烹調最適合並對味，讀者僅由文字的敘述即如同作者身歷其境般品嚐不同海鮮的好滋味，此外同場加映也說明許多海鮮的特色，讓讀者由外行到內行。就讀者言而，可以把這本《怪奇海產店》當作認識臺灣本土生產的海洋物種的工具書，也可以當作臺式菜餚最具特色的本土海鮮料理美食書籍。

越來越多人關注並願意親近海洋，經濟的利用海洋生物非常的重要，藉由黃老師這本《怪奇海產店》一書，兼顧海洋資源、海洋環境、海洋產業及滿足國人對海洋生物求知的慾望，透過說故事的方式傳達食魚文化，肯定是一本廣受民眾喜愛的專書，樂為之序。

海鮮選擇的新觀點

國立臺灣海洋大學／中山大學 榮譽講座教授 邵廣昭

很高興看到臺灣海鮮美食權威，海大養殖系的黃之暘老師，為遠流編撰出版了這本介紹怪奇海鮮的新書。讓許多喜愛海鮮的老饕們能夠「吃其然，也知其所以然」。這正符合近年來，政府和民間在大力推動的食魚教育。

臺灣號稱是「海鮮王國」，是褒也是貶。可以引以為傲的是臺灣豐富的海洋生物多樣性，記錄到的海洋生物已達到一萬五千種，可以買到吃到的水產生物至少在千種以上。但是如果把它們從多吃到少，甚至瀕危，而不能永續利用的話，那麼就對不起我們的後代子孫了。這也是我們從二〇一一年起，在臺灣推動《臺灣的海鮮選擇指南》的原因。指南中曾列舉了十項挑選的原則，勸大家要吃族群數量多、回復力强以及在食物鏈比較下層的種類。不要去吃珍稀、或是食物鏈頂端的掠食者，寧可選擇養殖、植食或濾食性的種類，而非野生或肉食性的海產。所以這本《怪奇海產店》乍看之下，好像有點反其道而行之，可能會引起保育人士的非議。但是如果仔細想想，其實也不盡然。因為海鮮的選擇指南中所謂的珍稀或瀕危物種，其實並不等於怪奇的種類。所謂的怪奇物種只是我們平常不會注意到，不會想去吃，或不敢勇於嘗試的物種。它們的數量其實很多，只要不過度捕撈，何嘗不是人類很好的動物性蛋白質的來源呢。既便是珍稀物種，如果被底拖網誤捕上來，其實絕大多數都已經死亡。如果它們沒有做研究或典藏標本的價值，那麼吃下肚也應算是物盡其用，不浪費食物了。更何況書中所介紹的物種，大多是長相怪異、數量多，或是ＩＵＣＮ評估為資料缺乏（ＤＤ）的物種，包括燈籠魚、地震魚、鼠尾鱈、那個魚、銀鮫、帆鰭魚、的鯛等的深海魚類；大洋性的月魚，以及沿海底棲性的馬鞭魚、角魚、剝皮魚、毒鮋、以及石狗公等。只有琵琶鱝的某些種類最近已被ＣＩＴＥＳ列入第二類的保育類物種。

黃老師是臺灣水產生物和觀賞水族的專家，也是美食家，不但對食材瞭若指掌，也懂得如何烹調和品嚐美食。所以他在海大所開的「養殖和食魚文化」的選修課一向爆棚，可說是獨步全臺。此外，他也勤於寫作並樂於分享。他自己所經營的臉書幾乎每隔幾天就會有一篇介紹海鮮食材以及如何烹調料理的文章，很受到大家的歡迎。總之，這本書和二〇一七年日本所出版的一本《守護大自然！配角海鮮食用圖鑑》其實有異曲同工之妙。該書也在倡議：與其把非主流的魚獲物拋棄掉，還不如大家去認識和吃掉這些次要、珍稀或未被利用的種類，其實對於海洋資源的充份利用也具有正面的意義。

這本書的編排很有特色，全書介紹的四十八種怪奇海鮮的目錄，就像是海鮮餐廳菜單中的四十八道菜，從前菜、主菜、小吃，到調味提鮮，囊括了二十七種魚類、七種蝦蟹、六種螺貝、二種藤壺、三種海藻以及水母、海膽及星蟲各一種。每道菜的名字就像一道謎題，讓大家猜猜它究竟是哪一種海洋生物？猜不出來的話，後面還有一句詼諧的提示，順便測驗一下大家對於海洋生物的認識有多少？書中每道菜的內容都分成：怪奇描述、食用方式、宰殺處理、品嚐現場以及同場加映等五項作介紹。又，為了方便讀者能夠迅速地了解這道海鮮，還特別設計了一個快速檢索表，可以一目了然查到這個食材的種類名稱，牠是怎麼來的、牠們的生態習性、烹調料理的方式以及其獨特的風味等。讀這本會應能滿足您的好奇心和求知慾。至於該不該吃，可不可以吃，就留給讀者們自己去決定了。

號

序

黃之暘

每每造訪店家，與其說想要品嚐風味，倒不如說是想要嚐鮮探奇；一方面了解各家各法的選料搭配巧思，與專擅烹調技巧，另一方面，河鮮海味之所以分外引人入勝，則是來自其隨地理位置與時令節氣的更迭變化。何況還有水質鹹淡、養殖及撈捕與國產進口等多樣來源，更別說那以「魚」一字作為代表，但實則有魚蝦蟹貝藻等琳瑯滿目的龐大規模，以及單吃即可、相互搭配更佳的堅強陣容。

但有趣的是，即便是專營現流生猛海產的店家，習慣性的推薦總以燙個白蝦、炒個海瓜子、滾個味噌或豆腐鮮魚湯，再依人數決定菜式湯點分量，並搭配炒麵炒飯等主食，與平衡或補充膳食纖維為目的的炒空心菜、水蓮或勉強呼應主題以蛤蜊絲瓜對付，也算能滿足期待河鮮海味的豐盛一餐。但仔細想想，如此一餐雖然價格合理符合預算，鮮度與口味也足稱水準之上，但這般餐點在臺灣南北東西乃至離島，甚至是春夏秋冬各個時節品嚐，究竟能有多少差異，更遑論能夠突顯在地風土、產業特色乃至季節更迭的特殊感受。

倒也不是非得加上滿是用料多樣澎湃的豪華冷盤，或是來個三五樣取材自不同鮮活魚蝦製作的生魚片龍船，而是希望不僅能由識貨懂行的店家引領推薦，嘗試展現食材特色與故事，或是透過烹調料理技法，並以兼具色、香、味、意與形，具體呈現取材水產的飲食，相對禽畜產等陸生食材的樂趣與魅力。同時也希望吃主饕餮，能夠排除價格、名稱與名氣的桎梏，真實面對、體驗進而感受那些我們總以為知道或熟悉，但從名稱、部位乃至取材利用卻僅有模糊輪廓的各類水產食材。

觀察近二、三十年飲食市場的變化，特別是因為好奇、嚐鮮、品嚐樂趣乃至營養需求，而以各類魚蝦蟹貝為主要組成的水產食材備受歡迎，同時接受程度與日俱增。何況地處亞熱帶且四面環海的臺灣，除擁有歷史地域的多次融合，加上飲食資訊的活絡發展，讓如今隨意街訪消費大眾，乃至好友兩三聚會碰面，總能對近期享用的美食討論評鑑一番。只是多數時間，仍不免受網路輿論風向影響，或是深深為實則多有置入性行銷的美食節目所牽動；花錢踩雷事小，大不了買個經驗下次不去便罷，但是對於所謂美食的熱情與嚮往，卻不免屢受狐疑挑戰，最終消磨殆盡，不再對追求風味主動積極，甚是可惜。

這兩年「慢食」、「慢魚」或「百哩飲食」風氣興起，更多有援引鄰近地區或飲食習慣相對熟悉的日韓兩國，分別提倡的「地產地消」與「身土不二」等飲食觀念；而伴隨著愈趨頻繁觸及並須逐年落實的ESG、SDGs、碳里程與淨零減排等，也深入各行各業乃至你我生活。然看似與資源利用或節能減碳或有矛盾衝突的飲食，其實也能做為大夥在日常三餐中，發揮個人力量並盡力落實的形式。因此在書寫與資料收集過程中，便不斷圍繞著「吃其然，吃其所以然」的主軸；而吃，不正是我們每人每天，不分性別、年齡、宗教信仰、區域乃至民族，基於能量需求或生活樂趣，終需主動或被動的力行實踐。

特別是在臺灣，我們延續漳泉閩客的生活習慣，以「食飽未？」作為人與人之間，最親切直接、最尋常同時也最務實的問候；而後來國民政府播遷來臺帶入本地的川菜與浙菜，加諸隨經濟與貿易交流而愈漸興盛的閩菜與粵菜，也深深影響迄今，並不論在喜慶宴客或是家常簡餐中可實際體驗；其中還不乏從荷蘭人登臺到日本殖民，乃至後續西風東漸後，出現在全臺各地的美式速食，與近年表現如雨後春筍般迅速開展的越南或泰式料理。相關料理中除保留接近原貌的製法與調味外，也多在長時間的適應調整下，配合時令季節，融入本地取材，因而突顯其在品嚐時的風味與樂趣。正因如此，總希望愈發藉由食物的酸甜苦鹹感受時空演進、風土人情乃至時令物產的同時，愈得要了解所吃為何。

書名取作《怪奇海產店》，自然不脫希望在生硬內容以外，隱含著當大夥來到海產店的冰櫃櫥檯前，對於即將要品嚐各類有趣食材的好奇，以及對於稍後料理與風味的臆測與興奮期待；然而更多的則是希望藉由了解這些怪奇之物的同時，帶出每個食材值得稍加探索甚至深入探究的況味。而為何是海產店呢？則是身處四面環海，同時東西南北海岸環境各異，還包括眾多離島的臺灣，總不乏隨時令更迭而輪番登場的各類鮮美海獲，而發展超過百年的鹹水養殖，也總是以平價、穩定且最符合消費期待的尺寸與品質供應市場。既受美麗之島滋養恩惠，若能搭配對於食材的充分理解，想必在品嚐時的風味感受，便能更加敏感、鮮明且雋永；除值得回味再三，也同時勾勒出這島嶼生活的風味特色。

內容以點餐順序與菜色類型做為安排，巧妙的讓章節目錄看來就像一份菜單一般；只不過隨著用料取材與打理調味不同，可能讓場景雖以臺味十足的熱炒店、海產攤或是海鮮餐廳為主，但有時又類似居酒屋、燒烤店，甚至是超級市場或是日常三頓的餐桌之上。而項目的挑選與其是引領大夥挑戰種類進而逐項收集，倒不如說是期待能夠在閱讀與實際品嚐的之間，發出「原來就是這個」或「這個，我知道」的鏗鏘一句。

不論是為感受風土、了解資源、品嚐美味或是落實節約與環保，正確的理解並認知我們日常所食，在今天分外具有意義與價值；例如將養殖魚類在清修或加工後的邊角材料與附屬品，如包括眼睛、面頰與腦天的鮪魚頭、因色澤與濃郁氣味而稱為黑肉或臭肉的血合肌、以魚雜囊括所有可食的內臟與生殖腺，或將因體型過小而難以鮮食的小魚蝦蟹經醃漬或發酵而成為別具風味的鮭（膎或醢），除展現其有別於一般食用肉質的口感風味外，就今日的角度看來，也堪稱對於撈捕或養殖收成的節約利用。而內容提到部分如扁魚、柴魚等乾製品，雖是缺乏冷藏或冷凍加工設備的早期，分別以乾製、煙燻或陳放藉以保存食物或修飾風味的加工程序，然就因應氣候變遷而導致資源產量動盪困頓的今日，也剛好與保存食物的概念不謀而合。再一次，身為一個現代的消費者，不論動機或目的是吃貨或美食家，顯然「吃其然」，絕對也得「知其然」。

更何況食物或料理所呈現出的風味，往往成為人們在成長、求學、旅途乃至因為工作而遷徙或定居他鄉，用以維持記憶與回憶的銘記；同時相對於歷史教材上的編年，或是地理課本上的季節氣候與主要物產，這些分別由魚蝦蟹貝與藻所集合而成的水產品，更多樣豐富，同時也饒富特殊性、故事性甚至專一性。例如內容中的淺戳仔、藤壺、佛手，並不尋常普及，而原因絕非只因數量稀罕，而是這些小個頭的美味，往往就其身形分量、外觀樣貌、保鮮狀態乃至經濟價值，不容許長途運輸的折騰，就算是進入都會裡的高檔餐廳，也總難與師父或賓客眼中對應氣氛與價格的魚子醬或生蠔相提並論，但孰不知，那在殼甲中費盡唇齒舌尖之力，搭配嘖嘖作響的吸吮聲與吮指回味的過癮，方是美味與樂趣所在。此外，這些獨特風味總在東北角、離島馬祖或是西南濱海鄉鎮，靜靜等待旅人賓客前來造訪，除能搭配當地風土人情一併感受，也能成為對體驗當地風土資源的深刻記憶。

與普及且快速資訊共伴發展的冷鏈技術，如今不但規模完整且技術完善，也讓與產地距離千萬公里以外的臺灣，亦能品嚐到北國撈捕或養殖物產；更何況隨飲食習慣與口味偏好的改變，我們在既有的八大菜系，與從荷蘭到日本殖民所帶入並延續迄今的食材與風味，因持續疊加而更顯豐富，從尼信、明太子到酒盜等冷食小菜，到幾乎難以察覺，但卻讓諸如涼拌木瓜絲，月亮蝦餅與壽司更加美味的魚露與蟹膏，或能將麵體染得黑亮，同時滋味非凡的烏賊墨囊等，也都是近年分別在各式異國料理，或是從夜市小吃、百元熱炒乃至海鮮餐廳多有援引的食材或調味。而當我們正以鼻腔或舌尖味蕾感受，在品嚐經驗中細細搜尋風味由來而遍尋不著時，往往來自長時間忽略這些食材或調味，從生產、儲運、製程乃至料理搭配的主要原因。

自二〇一九年底漸有擴散，並進而影響近兩、三年全球局勢與你我生活甚深的疫情，也讓受邊境管制或關閉而無法出國的人們，將資源與心思投注在國內旅遊之上；但正如多數人的偏好、習慣與規劃，我們仍直覺的以「吃」做為出發的動機與目的，並且成為影響日後在回憶威力上，絲毫與手機照片或打卡不遑多讓的深刻力道。因此書中也呼應了多數人在造訪素以迷人海味著稱的基隆、宜蘭、臺南與屏東等地，並分別以角蝦與白魚虎、虱目魚腸及烏魚白與腱，以及來自鮪魚的血合肌、那個魚與燈籠魚，作為可以順道或專程造訪當地的美味暗示，並透過生產與料理，感受資源與產業同時，又能享用風土人情與特色風味。

最後，這本書的內容，從文字撰寫到照片拍攝，總不免帶有些許私心；其中除記錄著我對於偏好水產養成「有魚不吃肉」的生活習慣外，同時也隨著每一次的資料增補與更新，重新回想或體驗了箇中滋味。而那由食材與料理所感受的酸甜苦鹹，千滋百味，在特定的時間與場合，也記錄了當下的心情與想法，好教再次嚐到時，往昔場景立馬浮現心頭。

要謝謝那些總是讓我佇足身旁前後屢屢提問、不時拍照且在影響作業下仍接受我記錄，甚至傳授挑選、判別與掌握鮮度獨家技法的養殖戶、漁民、船老大與魚販，也要謝謝總是與我在餐桌上一同分享的夥伴，以及不畏困難麻煩，將我攜來帶去各類食材，轉化成記錄素材的富雅。

吃其然，也吃其所以然，自然能讓生活千滋百味，並倍感真實與趣味。

前菜・下酒菜

涼拌、滋味鮮明或開胃的小菜

石斑肚　此肚非彼肚

為增加好感而冠上的名稱，但其實組成來自多種養殖魚類或牛蛙；所幸口感脆彈、風味鮮香，所以管它名稱設定是否會讓人產生誤解，拌著香辣調料大鍋翻炒，當趁熱快食，最好再搭上冰涼透心的麥汁，痛快下肚，最是過癮。

以石斑肚為名的食材或菜式，所指及其來源，既非魚腹範圍的肚檔，甚至也與名稱中的種類無關。其多來自大量生產、宰殺分切供應貿易出口或加工的養殖種類。至於取材來源，早期多是因應出口而養殖的牛蛙，及近年大量生產的鱸魚。

約莫一個指節般的大小，並有著光滑外表與彈脆質地，在對各類海鮮有明顯偏好的國內消費市場，乃至多講究鑊氣與鮮明調味的熱炒店與啤酒屋，這類食材及其烹製料理很受歡迎——更何況還冠上了印象中美味且高價的石斑之名。但其實這一如大拇指指節般外型，呈現袋狀或因片剖開來而呈現花瓣狀並賦予肌肉質地的食材，多是來自牛蛙或鱸魚的胃袋。而之所有如此豐富的數量與穩定供應，則是拜國內成熟穩定的養殖技術與大宗貿易出口之賜。

出口歐美市場的牛蛙，偏好去皮腿肉；而鱸魚則為左右體側的去骨魚片（fillet，菲力）。在分切過程中，業者將仍具食用或加工利用價值的部分，轉化為餐廳食肆多有利用的素材。

臺灣過去是全球重要的牛蛙養殖國家，除蛙腿外，蛙皮也是加工製作特殊用途皮件的主要取材；而鱸魚則因為成長快速、取肉率高，且為歐美市場偏好的白肉魚，因此成為目前養殖與加工出口的主力魚種之一。

在歐美，除了漁業蓬勃活絡或有長久發展歷程的北歐、南歐與地中海沿岸國家外，其他地區從販售、料理到品嚐，都以去除頭尾、骨刺乃至魚皮甚至血合肌的清肉或淨肉為主，而烹調料理也為順應口味偏好而限縮在煎烤、烹炸與燉湯。因此別說品嚐肉質以外的特殊部位，就連利用的想法與概念也多闕如。

南歐或地中海沿岸國家偶有將卵巢鹽漬或風乾的食用方式，但相關利用多顯地理與

飲食文化上的侷限，不如亞洲國家普遍尋常甚至精通此道。日本會品嚐諸如鱈魚、鮟鱇

與鮪魚等鮮魚腹中的胃袋、肝臟或是卵巢；而在臺灣，最經典的腹內料理便是養殖大宗

的虱目魚或烏魚，前者有滋味鮮香的虱目魚腸，而後者俗稱為魚白的精巢、醃漬後風乾

的卵巢，乃至俗稱烏魚腱的嗉囊胃——無一不是美味。別具分量的紅魽、過魚（大型野

生石斑）、鮪魚與旗魚等，亦是美味臟器的主要取材來源。

分別取材養殖牛蛙與金目鱸的胃袋，但卻皆以「石斑肚」為名販售。然而因為兩者分屬兩生類與硬骨魚類，且外型、分量及其生物屬性完全不同，因此在取得方式上多顯差異。

牛蛙處理須先以電擊進行人道致昏或致死處理，隨後剁除不具食用價值的頭部與四肢末端，隨後順勢將皮層剝除，除去腹內臟器，挑選保留具彈脆特殊口感的胃袋。而多以冷凍密封魚片或魚塊販售為主的金目鱸，則會在收成後以低溫凍暈，隨後在加工廠清潔迅速的作業線上，宰殺、清洗與分切。清肉以外的部分副產物，會做為國產魚粉或魚溶漿[1]供飼料添加使用，供應養殖飼料添加，而具有附加價值的胃袋，則會另行處理，經洗淨後收集後作為販售或烹調料理的取材。惟市售商品並不會特意標注或說明來源，而皆以石斑肚為名進行生鮮與冷凍兩種形式的供應，消費者較難以判斷是買到了牛蛙胃袋做的「石斑肚」，還是金目鱸做成的「石斑肚」。

國內或臺語中所稱的「魚肚」，其實廣泛的涵蓋了包括魚腹與胃袋兩者；前者多是油脂含量明顯，同時質地軟滑細嫩的肚檔，例如鮪魚肚、虱目魚肚或紅鮒肚，而後者則以取自於數種旗魚胃袋的釘挽肚，或是來自金目鱸與牛蛙胃袋但皆以「石斑肚」為名的食材或相關料理。來自鮟鱇的胃袋，亦被稱為八樣珍味之一，美味程度與品嚐樂趣與肥美的魚肝絲毫不遑多讓。除此之外，在華人飲食市場中，鮑參翅肚中的「肚」，則指的是大型石首魚、海鰻、鯰魚或鱸魚的「鰾」。

其實以胃袋為主的料理取材，還包括了諸如鮪魚、鬼頭刀、別具分量的野生石斑或產量龐大的養殖石斑，而料理方式則隨分量與質地稍有不同。例如粗如兒臂的大型胃袋多汆燙後切片涼拌，或者三杯或燉滷、或亦有以滋味酸香的醬料醃漬入味後品嚐；而小巧玲瓏者，則簡單的大火爆炒，配上風味鮮明的沙茶或豉椒。如此，不知不覺讓人想要配上一杯冰涼的啤酒。

如指節般大小的牛蛙肚或鱸魚肚，除以重複漂洗除去影響口感的黏液與腥味後，還需藉由汆燙後的旋即冰鎮賦予脆度。浸泡於冰水中的魚肚可確保質地濕潤脆彈，既可直

---

1 魚溶漿為水產原料經煮汁、榨汁或消化，隨後分離後之水溶性液體濃縮而得，具特殊營養成分與誘食氣味。

接過水，以醬料醃漬入味後冰涼食用，也可直接以大火搭配沙茶拌炒，或者製成三杯料理，鹹香有餘，還有令人難忘的鮮明口感。

同場加映

途經或專門造訪位於全臺各地的觀光魚市，除可見到各類現流魚鮮並參觀或體驗拍賣活動，市場周邊的代客料理，或是小攤販售自行製作的各類珍味，只要價格平實且環境衛生，建議不妨一試。主要原因除鄰近生產與漁獲產地，種類組成多與大宗供應者不同，不論在鮮度、價格乃至風味上，往往也多能令人耳目一新或感到新奇有趣。特別是取材特定部位並以別具巧思或當地特色料理的吃食，例如涼拌魚肚、燉滷魚雜或先蒸後炸的魚卵，與種類繁多的魚漿煉製品等，也都能讓人在旅途中，留下以風味為印記的美味回憶。

石斑肚

快速檢索

成分	富於肌肉的胃袋。	**分類**	特定部位	**葷素屬性**	葷食
取材來源	牛蛙或金目鱸的胃袋。	**加工類別**	生鮮	**販售保存**	冰鮮、冷凍
商品名稱	fish stomach				
商品特徵	依據種類不同而有分量、形態、厚薄與質地間的差異，也影響其來源、數量與價格。小巧玲瓏的牛蛙胃或金目鱸胃，不但大小分量剛好一口一只，同時厚薄剛好，不致需費事改刀修飾口感，還可享受脆彈鮮香的特殊風味，因此頗受歡迎。				
商品名稱	石斑肚、珍珠肚、口香糖。		**烹調形式**	汆燙後涼拌、大火快炒或三杯。	
可食部位	全數可食		**可見區域**	因以冷凍方式供應，所以方便購買與品嚐；若考慮鮮度品質與特色料理，則以養殖產區或漁獲產地周邊為佳。	
品嚐推薦	舉凡雲嘉南等臺灣主要養殖產區，或是分別以基宜、東港與澎湖為本島及離島代表的漁獲產地周邊，除可品嚐鮮度絕佳的相關料理，同時還多有別具當地風格的特色調味。				
推薦料理	涼拌、快炒或三杯。		**行家叮嚀**	快速煮熟即可，避免加熱過久造成分量縮小且口感過於緊實。	

釘挽肚

美味劃重點

釘挽是約莫兩尺長短，用以拔撬鐵釘的工具。因旗魚延長吻端，不論就質地、顏色與長短粗細皆與釘挽十分相似，因此以其名稱之。釘挽肚是多種旗魚的胃袋，偶爾亦有其他大型魚胃混入，汆燙後切片快炒或涼拌，不論濃郁鮮辣或酸香清爽，都是迷人滋味。

在海產小攤或熱炒店中，釘挽肚是極具人氣的點餐項目，但若搞不清楚，往往會相互混淆而造成困擾。因為在臺語使用習慣中，「魚肚」指的是俗稱肚檔或肚腩的魚腹周邊，但也可以針對胃袋的稱呼。

分布於臺灣周圍海域的旗魚大致六種，其中俗稱「旗魚舅」的劍旗魚（*Xiphias*

gladius），不論就外型、皮膚質地與肉質顏色均與其他種類不同，略顯短胖。其餘五種，雖然分別來自不同屬別，但卻有極為類似的外型，僅其中因具有明顯背鰭比例而被稱為「破雨傘」的雨傘旗魚（*Istiophorus platypterus*）相對容易區分外，其餘分別俗稱為「鐵皮」、「翹翅仔」與「紅肉」的黑皮旗魚（Makaira nigricans）、立翅旗魚（*Istiompax indica*）及紅肉旗魚（*Kajikia audax*）則有十分相似的外型；小吻四鰭旗魚（*Tetrapturus angustirostris*）相對較為少見，然各種類可依據背鰭與胸鰭形態簡易區分。

旗魚是海中優異卻也優雅的掠食者，如劍般延長的吻端上部，主要是用於劈斬或鞭打獵物，使其受傷後再行攝食。此外，多數旗魚也喜歡活動在洋流邊緣，具有明顯溫度、鹽度乃至海面顏色差異的交界處，並隨獵物出現而展開迅速的追獵行為。

旗魚屬於大型海洋魚類，主要喜好活動於中表層水域，加上個體多有貪婪好食的追獵行為，並會以躍出水面奮力掙扎對抗，因此除在全球皆為主要食用魚類，同時也是海面休閒釣遊甚至職業競賽的挑戰目標。旗魚漁獲一如鮪魚，作業形式包括鏢捕、以延繩誘釣或有少數隨沿岸流進入定置網中而加以捕獲，在漁獲的儲運、分切、供應路徑乃至消費利用，也多與作業方式極為類似的鮪魚一般，因此在歐美市場多以清修為魚排的各類旗魚魚片，廣泛以乾煎、烹炸或烘烤調理。而在亞洲，則因為多有依季節輪番登場的繁多種類可供應，亦有超低溫凍結的遠洋漁業支撐，因此多好生鮮食用，或是針對不同部位而分別採取快炒或燉滷，或者加工製成魚漿或炒製魚鬆，用途多元，幾乎全魚利用毫無浪費，而漁獲在宰殺過程中所區分出的特定部位與臟器，也成為了別具特色的風味吃食。

體型分量出眾的旗魚，或許是因為一經鏢捕或釣獲後，既為確保後續操作安全，同時讓在保鮮儲運過程方便放置，所以絕大部分那威風凜凜的吻劍便已鋸斷摘除。進入卸貨與拍賣市場的旗魚，則會隨著秤重後的競價搶標而名花有主，惟在出價競標之前，往往必須透過尾部肉質的取樣，來預估品質良窳及可能的價格落點。

欣賞旗魚的宰殺分切是多數人少有的體驗，但只要親臨諸如南方澳、臺東新港或屏東東港等漁港，便不難見到這分外令人震撼的畫面。旗魚會先除去頭部、各鰭並削除形狀狹長的鱗片，隨後打開腹部移除內臟，並依據體型大小鋸開使成二到四段不等，然後再依序分切為左右背側與腹側共四塊部位。其中頭部、背鰭、肚檔與俗稱腹內的臟器因為處理費工耗時，所以多半單價不高，或多棄置一旁——孰不知經過專業修整或處理的特定部位，也能別具風味並盡展品嚐價值。

肉色由粉紅、淺紅至橘紅者皆有，尤其是被稱為「金瓜肉」的後者，往往是難得一見的出色品質，多是生鮮食用的絕佳取材，與白肉的海鱺，以及肉色橘紅及鮮紅的鮭魚與鮪魚，為生魚片料理中的常態或主要取材。若有機會造訪旗魚卸貨產地，或是一旁負責分切打理的攤商，除可購得市場罕見的特殊部位，建議還可稍加詢問，按圖索驥的找到可供料理的攤商或餐廳，或是自行動手烹調。

釘挽肚的名稱，其實分別包括旗魚腹肉與胃袋，前者擁有豐富油脂，但卻因為筋膜密布，所以罕為生鮮品嚐使用，而後者打理費工耗時且需精準掌握調理技巧，所以自然更加少見。旗魚腹肉經斜切為二一至二公分的魚片後，可稍以醬汁醃漬後裹粉烹炸，或直接入摻有蔥薑蒜的鹹香湯汁燉滷，或是紅燒亦佳。而胃袋則須經過充分清洗，然後剖開後切成一公分的細條，汆燙後冰鎮，可用於涼拌或再行大火爆炒，搭配沙茶、豆醬或三杯佐味，除風味腥香外，還多有脆彈鮮爽口感。

同場加映

旗魚除了皆以釘挽肚稱之的腹肉與胃袋外，其實包括俗稱翅仔頭或鬃嶺的背鰭基部、魚眼與尾筒，皆具有特殊口感與風味；倘若搭配適性適味的料理，則更添品嚐時的樂趣。翅仔頭需要以厚背的大鋼刀斬剁成大塊，然後以形同滷豬腳般的形式，先汆燙、後爆香再燉滷；而接近尾柄處多輪切為尾筒的部位，做法雖然極為類似，但卻適合與酸菜一同燒燴，以調整因血合肉分布而稍稍明顯的腥味。兩者料理皆有豐富膠質，滑潤口感讓人雙唇油光水亮，甚是過癮。甚至魚眼的部位，可以紅燒、也可以添加鹹菜或酸菜煮湯，最好能包括眼窩周邊組織一併享用；味美無比，同時還補充了豐富的優質膠質與脂肪。

2 臺灣周圍海域共分布劍旗魚科一屬一種，旗魚科五屬五種。

釘挽肚

快速檢索

學名	Xiphiidae與Istiophoridae	分類	硬骨魚類	棲息環境	中表層
中文名	劍旗魚科與旗魚科[2]	屬性	海生魚類	食性	動物食性
其他名稱	英文將劍旗魚稱為swordfish，旗魚則稱為marlin；日文漢字為梶木。				
種別特徵	具有延長如劍般的吻端上部是所有種類的共同特徵，而種別差異則分別在頭身比、體長、背鰭與胸鰭形式以及必須藉由分切後方可見到的肉質特徵；劍旗魚皮膚質地類似鯊魚，而立翅旗魚的堅挺胸鰭則為特徵，雨傘旗魚則具有基底延長且寬闊的背鰭。主要活動於中表層水域，以追獵小型魚種為食。				
商品名稱	依種類不同而被稱為釘挽、旗魚舅、白肉旗或破雨傘等。	作業方式	多以延繩釣獲，其次為鏢捕，少數則誤入定置網之中。		
可食部位	魚肉、魚眼與胃袋。	可見區域	依種類不同而定，並具有季節性，多以南方澳、花東沿岸及屏東東港為主。		
品嚐推薦	取材不同種類的旗魚生魚片由於方便儲運與料理，因此各地皆可方便選購食用；但若要品嚐特定種類、部位及其別具特色的料理，多會優先考慮產地周圍。				
主要料理	鮮食、烹炸、燉滷與燒燴。	行家叮嚀	大型魚因生物累積多有相對較高的重金屬，孕婦、哺乳與嬰幼兒應避免食用。		

成仔丁卵　季節限定

成仔或成仔丁是海鯰的俗稱，而對於那因奮力抵抗而撐起的胸鰭與背鰭硬棘，喜好垂釣但厭煩此魚的釣客，更有著「賓士」的傳神稱呼；然春夏交界的滿腹魚卵，不論就恍若粉圓至圓仔的大小、金黃至橙紅的顏色，直到入口軟糯鮮香的風味，對比鹹腥魚肉的嫌惡，頗有天壤之別。

臺灣由南到北包括離島，總可以見到這種看起來夠分量，但不論對釣客或漁民，卻多半是被嫌惡到不行的魚種。主要原因，一是胸鰭前緣有著一對具有足以扎傷人的硬棘，而背鰭部位的硬棘更具有毒性，不慎觸碰往往令人紅腫劇痛難耐；另一則是塊頭雖大，肉質風味卻不佳。不過，一旦到了初夏時分，許多人反倒忘卻了上述種種，而對腹中那橙黃飽滿的卵粒情有獨鍾。

活躍於河、海交界或淺海環境中的海鯰，一般俗稱為「成仔」或「成仔丁」，特別是後者，傳神的表示了個體在胸鰭前緣具有那堅硬且末端尖銳的棘刺。海鯰的背鰭硬棘亦具有毒性，穿刺後往往會造成因明顯發炎反應而導致紅熱腫痛。雖說並未名列「一魟、二虎、三沙毛」[3]的三大毒魚排名中，但仍讓人對其敬而遠之。不過更令人討厭的是，嗅覺靈敏的他們，容易受釣客噴香的釣餌誘集而成群前來，甚至為搶食而驅趕其他魚隻，或是因為掛在網具上難以解下而造成漁民困擾，所以是讓人頭疼且棘手的漁獲。

成仔丁的肉質風味不佳，但如珍珠至銅板般大小的卵粒，卻有著極為特殊的口感，反倒成為大多數人捨魚肉而單就此味的主要選擇。

一般對於魚卵的食用，多半是依據魚卵的總重與粒徑大小而定，分量不足盈握者，多與魚隻一同烹調料理與品嚐，但若別具特色或品嚐價值，甚至其風味遠遠超乎肉質之上，便多會有特定的取材乃至相關料理，常見者例如明太子或烏魚子等。其不論在名氣或價值上，都以魚卵取勝並遠遠超乎魚體本身。成仔丁的卵亦是如此，由於其卵巢為不

3 臺語俗諺中的三大毒魚淺海三大毒魚，分別為一魟、二虎、三沙毛。魟指的是尾柄處具有毒刺的魟魚；虎則是背鰭部位具有毒性的石虎、石狗公或毒鮋；而沙毛所指則是胸鰭與背鰭硬棘具毒性的鰻鯰。

完全成熟型，所以取自一尾雌魚腹中的卵粒，往往具有直徑大小、顏色與觸感軟硬的差異。一般多在直徑一至一點五公分間，但偶有超過兩公分以上的圓形卵粒。魚卵因為富含油脂，所以口感與風味皆與肉質明顯不同，而入口咀嚼的質地也與卵粒成熟狀態有關。一般多以滾水汆燙後蘸以醬料品嚐，亦有焯水[4]後再添加辛香佐料拌炒。主要品嚐多以沿岸或濱海地區為主，罕見於傳統市場販售，產量有限並僅多在初夏時節可見，因此僅多由漁家或釣客自行料理與食用。

成仔丁是活潑且貪吃的淺海魚種，同時因為對於鹽度具良好適應性，因此經常利用漲潮時分游進河口覓食，或是活躍於食物豐富的淺海環境。成仔丁除被釣客不時釣獲外，也常見於沿近岸漁船收成的漁獲之中。不過因為肉質口感與風味不佳，因此鮮食價值不高，也多賣不到好價錢，反倒還得在處理時冒著可能不慎被刺傷的風險，因此是市場中乏人問津的漁獲。不過，當時令到了端午過後，正式進入氣候炎熱的夏季，這原本少被重視的漁獲，反倒成為饕餮關注的對象，總是詢問是否有魚卵可以品嚐。

處理成仔丁多會先將具有毒性的背鰭硬棘與左右胸鰭剁除，然後抓住尾部，由肛門向前劃開魚腹，並取出顏色由乳白、橙黃至亮橘的魚卵。取出時須留意別弄破魚膽或肝臟，同時得以大量流水洗去血汙，以免影響後續料理與品嚐的味道。

魚卵多是選購、料理或品嚐鮮魚時，令人喜出望外的不期而遇，因此只要適逢產季，多半可在雌魚腹中見到發育程度不一的卵巢，小從丁香魚、俗稱厚殼仔的雀鯛或四破魚，到體型依序增加的紅目鰱、白帶魚、紅鮒與鬼頭刀等皆可見到。不過為了確保資源可合理並永續利用，雖不排斥適可而止的品嚐，絕不可專注追尋或大量利用，以免影響漁業資源與海洋生態。

一般人品嚐魚卵的經驗，大致來自飛魚卵或鮭魚卵，但成仔丁的卵粒顯然較兩者大上許多，同時口感也十分特殊。況且因為其中組成主要以油脂為主，特別是經過烹煮後的卵粒，隨成熟狀態不同而有從濕潤、彈脆到略顯堅硬的鬆粉口感等皆有之。為品嚐那特殊的質地與氣味，所以多以鹽水汆燙原味展現，或是依據個人喜好再蘸以醬料。

喜歡鹹香風味的人，則會將汆燙後的成仔丁卵，加入先行煸香的蔥、薑段與蒜瓣等含有辛香料的熱鍋中，然後添加醬油與料酒快速拌炒，並以些許水分燜煮入味。起鍋前撒上大量的九層塔，便可痛快享受那風味與口感盡皆鮮明，同時僅多由釣客或漁家獨享的風味。

4 料理技法之一，與汆燙類似，但在水量、溫度與時間上具有微妙差異。「焯水」為以鍋中少量但滾沸的水快速使食材煮熟。

同場加映

大量收成或用以加工的魚卵，往往隨取材來源、質地、烹調料理風味與品嚐形式差異而稍顯不同，甚至成為當地別具特色的料理。例如南方澳與花蓮，分別有取材鬼頭刀與鰹魚的魚卵料理，而在西南沿海、高屏與澎湖，則因為漁獲種類隨四季更迭輪番登場，而不時可品嚐到別具風味的草魚、飛魚、烏魚、油魚甚至鮪魚等種類的卵粒，除有供作鮮食、蒸煮冷卻後蘸以美乃滋或芥末品嚐，還不乏醃漬風乾後長期保存等利用形式。不過因為魚卵是魚類傳宗接代的必經歷程，也是環境生態的重要資源，因此建議食用宜淺嘗輒止，試過就好的體驗即可，特別是針對來自野生、成熟時間相對較長或數量稀少的種類，切莫大量或頻繁的食用，以免飽了口腹之慾，但卻傷害了漁業資源與海洋生態。

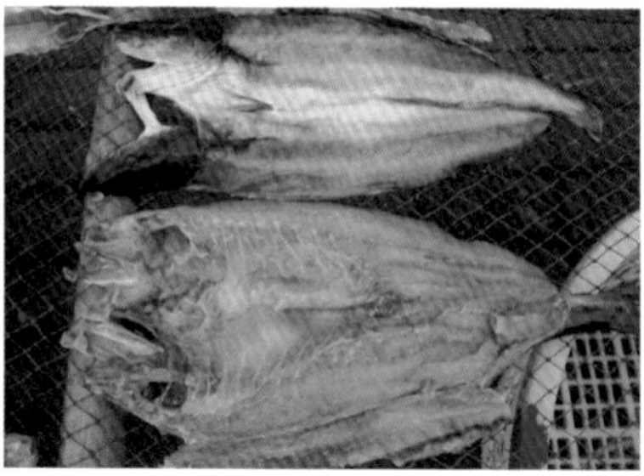

快速檢索

學名	*Arius spp.*	**分類**	硬骨魚類	**棲息環境**	沿岸、淺海
中文名	海鯰	**屬性**	海生魚類	**食性**	動物食性
其他名稱	英文稱為Sea Catfish或Estuarine Catfish。				
種別特徵	體成紡錘型，體表無鱗片，多呈現銀白或略具淺藍或淺綠的淺灰金屬光澤；吻端具有三對觸鬚，口部略朝下方；背鰭、胸鰭與臀鰭前緣皆具硬棘，其中背鰭具有毒腺，不慎觸碰或刺傷會引發紅熱腫痛的炎症反應，背鰭與尾鰭間則具脂鰭。				
商品名稱	成仔丁卵、成仔蛋	**作業方式**	多為沿近岸或河口垂釣時的意外收穫；其餘則見於網具、陷阱或籠具中的混獲對象。		
可食部位	成仔丁卵；為雌魚腹中的成熟卵粒。肉則具有明顯腥味而少有食用。	**可見區域**	臺灣四周沿海淺水處與河口，尤其以具河川注入的區域，或底質細軟的灘地最為常見。		
品嚐推薦	夏季捕獲的成熟雌魚，腹中多半具有成熟度不一的卵粒，取出後可經汆燙或快炒食用。因主要組成為油脂，故風味口感特殊，建議若不期而遇不妨選擇嚐鮮體驗。				
主要料理	汆燙後蘸以佐料，或是加入辛香料大火快炒。	**行家叮嚀**	成仔丁的胸鰭、背鰭與臀鰭皆具銳利堅硬的棘刺，尤其背鰭具有毒腺，在捉取或宰殺操作時應多加留意。		

魚雜

可以的都來

豬雜、牛雜，自有吃貨饕餮偏好，但取得困難、保鮮不易，甚至隨取材種類、體型大小、捕獲形式乃至烹調料理而多有不同的魚雜，其特殊風味與口感往往更勝尋常易見的禽畜來源。然而，單單一條魚腹內的各類臟器，只要鮮度絕佳，簡單料理，雖難稱豐盛一桌，但絕對讓人傾心難忘。

日常較常聽到的是羊雜或牛雜，至於稍顯平常的豬或雞、鴨、鵝，則概以「下水」稱之，鮮少見到魚雜。主要原因，除為魚雜不僅較魚肉在質地與鮮度上更顯脆弱與充滿挑戰，同時也必須專擅調理，方能呈現迷人滋味。

一般魚雜的取得，除來自具分量的魚種外，還多得是可固定或大量供應的來源，方能確保鮮度品質與滿足消費需求，因此常見魚雜，除來自多有罐頭加工的多獲性鯖鰹種類外，則是旗魚或鮪魚。至於多有穩定供應的養殖魚類，則還必須考慮風味品質，因此僅鱸魚或虱目魚等種類，分別供應包括胃袋與整副包括魚肝與嗉囊胃（gizzard）的魚腸。而每年一獲或一收的烏魚，則僅有在收成宰殺取卵以利製作烏魚子時，順道取出諸如精巢或俗稱烏魚腱的嗉囊、胃出售，因此常態性的魚雜，反倒多來自罐頭加工宰殺或生魚片處理所得，種類多以鯖魚、鰹魚、紅魽、鬼頭刀與旗魚及鮪魚等種類。而所謂魚雜，則包括魚腸、魚肝與雌雄兩性稍有差異的生殖腺為主，並依據取得分量而單獨或混合出售。

為確保鮮度品質並方便儲運，因此從魚寮供應或在市場上販售的魚雜，多為已經炊蒸、汆燙甚至煙燻完成的熟品，除可直接片切後搭配以蒜蓉醬油膏、五味醬、胡椒鹽或芥末醬油一同品嚐的即食商品外，也多有僅經焯水汆燙過的形式，以做後續調理使用。此外，不論購得或是在小店餐廳中品嚐到的魚雜，也多隨區域、季節與魚貨種類組成及鮮度狀況不同，而有明顯差異。例如在基隆多以分別俗稱為花飛及煙仔虎的鯖魚與齒鰆，或秋冬季節的紅魽為主；而在南方澳、花東或是澎湖，則分別來自於鯊魚、鰹魚與鬼頭刀；在屏東東港則為旗魚與鮪魚等。由於魚雜來自不同器官或組織，特色是具鮮明差異的口感與風味，不喜歡的人總難接受那相對明顯的腥味，因此除多數料理搭配稍重口味以利調整，亦常見使用乾煸或熗的方式，並搭配辛香佐料修飾，以突顯其風味。

魚雜主要來源，一是罐頭加工製作大量收購與處理的鮮魚，另一則是切製生魚片在宰殺過程的產出。前者多有龐大數量，因此只要鮮度品質尚可，多會先以簡單的汆燙或蒸煮，以利後續保鮮、儲運與銷售；而後者雖然在取材種類與部位難以確定，但卻因具有等同生鮮品嚐取材般的優異鮮度，因此多為處理攤商附帶出售，或交由店家做為料理取材。只是受限天然漁獲供應，時有隨季節氣候與海況變化而有起伏消長，因此也讓供應多數量有限，時而向隅。

歐美飲食習慣與風氣，僅極少地區會以特定形式或調味，品嚐固定種類的內臟，例如在地中海或南歐，會有收集並食用油浸魚卵的習慣，只是類似的情況並不多見。相較於料理與食用多以悉數剔除頭尾、骨刺乃至魚皮的西方飲食，中華與日式料理中，多有全魚利用，同時還對於這些腹中深藏的風味，感到高度興趣與評價，甚至視作難得可貴的時令珍味——對於專注追尋風味的吃主，喜好程度自然勝過「一般部位」。

由於魚雜多來自鮮魚宰殺，因此操作者多可藉由質地觸感、顏色及氣味，分辨其品質良窳，隨後再依據處理與收集狀況，評估是否區分部位，並把握時間迅速以鹽水汆燙或炊蒸，藉以定型並確保口感風味。

取材包括魚肝、魚胃、魚腸及其附屬之幽門垂，以及分別來自成熟雄性與雌性的精巢（俗稱為白子或魚白）與卵巢（魚卵或魚子），因此魚雜不僅組成多樣，同時風味口感各異。常見者多以鹽提味，然後入熱鍋中乾煸或熗，並以薑片及料酒修飾可能具有的腥味；甚者也會分別以麻油、沙茶或三杯等調味，使其成為香辣兼具的爽口滋味。

同場加映

廣義的魚雜其實還包括頭尾、骨刺以及魚皮等部位，特別是有常態性處理的鮮魚，或在每日需求量明顯的生魚片、壽司店或料亭中，若能善用這些取肉清修後的附屬或附帶部位，將資源充分利用，巧思調理。例如魚頭可以烘烤、紅燒或製成燉湯及鍋品，而骨刺除提煉滋鮮味美的高湯外，經過酥炸，還能成為開胃或下酒小菜，或一如炸鰻骨與烤鰻肝，搭配蒲燒鰻魚飯佐餐，藉以享受全魚風味。而品嚐比目魚或鮭魚料理時，魚皮與略帶細小骨刺的薄肉，也被酥炸成名為「仙貝」的小菜，口感鮮香酥脆，亦是一道美味。

快速檢索

<table>
<tr><td>成分</td><td>魚類內臟</td><td>分類</td><td>鮮製品</td><td>葷素屬性</td><td>葷食</td></tr>
<tr><td>取材來源</td><td>鯖、鰺、鰹、鮪、鱰（鬼頭刀）、旗魚。</td><td>加工類別</td><td>鹽煮、炊蒸</td><td>販售保存</td><td>冷藏</td></tr>
<tr><td>商品名稱</td><td colspan="5">魚雜或腹內，或依據不同取材之種類、部位及其大小區分，一般多統稱為「腹內」，亦有分別區分為魚肝、魚腸、魚胃、魚白（精巢）或魚卵等。</td></tr>
<tr><td>商品特徵</td><td colspan="5">由於多已經汆燙或炊蒸，所以在定型後多可依據外型特徵加以區分。
魚肝：多半呈現邊緣較薄的不規則形，表面光滑而組織質地細緻密實，稍具彈性。
魚腸：中空管狀，長度隨魚隻食性不同而異；周邊多穗狀的幽門垂與脂肪分布。
魚胃：膨大管狀或袋狀，肌肉發達故口感爽脆；部分如烏魚或虱目魚等種類具嗉囊胃。
魚白：成熟精巢，色白至灰白，質地細嫩軟滑，因此也被稱作魚豆腐。
魚卵：多為一對，但依據種類及成熟狀態不同而有不同顆粒大小與質地軟硬。</td></tr>
<tr><td>商品名稱</td><td>魚雜或腹內。</td><td>烹調形式</td><td colspan="3">汆燙、快炒、乾煎或烘烤。</td></tr>
<tr><td>可食部位</td><td>鮮度狀況且無汙染下全數可食。</td><td>可見區域</td><td colspan="3">各大漁獲產地或拍賣地周邊。</td></tr>
<tr><td>品嚐推薦</td><td colspan="5">具有活絡與發達魚罐頭加工的宜蘭與南方澳，或是多有沿近岸鏢捕、延繩與定置網作業，以及諸如臺東新港或屏東東港等主要鬼頭刀、旗魚與鮪魚漁獲的地區，多是推薦可放心嘗試的選擇。</td></tr>
<tr><td>推薦料理</td><td>乾煎或熗。</td><td>行家叮嚀</td><td colspan="3">建議比較不同部位，然後挑選喜歡者品嚐。</td></tr>
</table>

方蟹

挑小不揀大

顏色對比鮮明的腹背，不但是鮮明種別特徵，也成為小攤與顧客間交手過招的關鍵；從雪白的腹甲形狀辨識性別、挑小的、挑雌的也挑扎實的，那掀開蟹蓋後的滿滿膏黃，絕對不負精挑細選的時間與眼力花費。

在浪花激盪處悠閒撿拾藻類碎屑為食的「白底仔」，多能利用與環境相似的隱蔽色，巧妙騙過掠食者的目光；然而當人們想要一嚐美味而捕捉他們時，卻又多能以閃靈般的矯捷身手，倏地消逝無蹤。

多以與環境顏色甚至質地相近的殼甲表面，巧妙隱藏於環境中的白底仔，是十足靈巧的海蟹。多數時間以緩慢動作攀爬於礁岩面或俗稱肉粽角的消波塊上，並以那對粗短肥胖的螯肢撿拾環境表面的藻類或有機碎屑為食，並在種內（intraspecies）或種間（interspecies）偶有因為競爭領域、食物與配偶等資源而有不時驅趕行為，所以看來極其悠哉自得。見到他們靈巧的身影時，多半是潮汐漲退時分，濕潤的礁岩表面，以及不時拍打上岸的碎浪，剛好提供他們保持溼度與溫度的絕佳環境；只不過他們的覓食或活動多不容侵擾，一旦環境中有個風吹草動，便會倏地揚長而去，或以礁岩縫隙或洞穴就地躲藏。

相對於粗糙且暗沉的殼甲，光滑潔白的腹面是他們的名稱由來；與多數蟹類一般，雄性除身形相對較大，同時也有著相對明顯的領域性與競爭性。

相對於近年以龐大身型及方便食用等諸多優勢，分別由歐洲與東北亞日本與韓國，以大軍壓境般氣勢進口的各種蟹類，以及新北市與基隆分別戮力推廣的萬里蟹[5]與黃金蟹，體型小的白底仔，經常因為身形、外觀而讓人忽略，但孰不知這種體型嬌小的蟹類，卻多有耐人尋味的獨特魅力。

蟹類的料理與品嚐很重區域地方，主要原因一是相關資源的侷限分布，另一則是當地的飲食傳統與口味偏好。白底仔分布於氣候溫暖且水質潔淨的沿岸環境，除須有持續生長藻類的崎嶇礁岩外，還必須有著充足日照與潮浪潤澤。國內常見的吃食方式，多以源自潮汕的生醃為主，風味介於鹹蜆與燒酒螺之間，想必也受到閩南一帶的影響，而類似的料理與品嚐，也多可於中國東南與南洋一帶見到。至於離島或花東，則係屬原住民本格風味，自然又獨樹一幟。

出現於市場、餐廳或海產小攤的白底仔，悉數來自野外採捕。採捕作業甚是仰賴專業人力且耗時費工，因此分量自然有限、身價不菲。為美食而啟程動身，必須先算好季節與潮水，其中採集環境的岩面是否濕潤並長滿藻類，往往是重要的參考指引——因為白底仔的迷人鮮香，多來自那作為食物的多樣海藻。

沿岸居民多利用漁暇時分，或精準把握潮水，以誘餌搭配長網或陷阱，類似誘釣方式捕捉蟹類。交錯範圍恰到好處的長網及其網目，主要不是在追趕圍捕白底仔，而是讓他們入網後無處支撐，恰巧陷入而難以逃脫隨後加以擒獲。捕捉後的白底仔多以網袋束緊，讓蟹類蓄活以保持鮮度，盡快供作醃漬或料理品嚐。嬌小身形與有限分量，也多讓白底仔不另行費力宰殺打理，而可以整尾直接進行醃製、烹炸或滾煮。

5 萬里蟹為品牌名稱，其中組成包括分別俗稱為花蟹、石蟳與三點蟹的「鏽斑蟳」、「善泳蟳」與「紅星梭子蟹」。

最能品嚐兼具細緻口感與鮮香風味，並充分感受箇中樂趣的方式，自然是以鹹鮮醬汁生醃的白底仔。製作時必須選擇外觀完整的活蟹，先以流動清水搭配浸潤與沖洗除去表面泥沙髒汙後，再以米酒將表面妥善清潔，隨後便可以加蓋深鍋或密封罐，將已因不勝酒力而暈昏的蟹體，加入充分混合醬油、砂糖、蒜頭與辣椒並以適當開水稀釋調勻，經滾煮後放涼的醬汁進行醃漬。醃漬過程多會在冷藏環境下進行一到兩天，以利充分入味，並確保鮮度無虞。

品嚐時必須專注細心，逐步拆解蟹腳與蟹蓋，搭配吸吮同時以舌尖挑撥，方能享受半透明的柔滑肉質，以及鹹甜腥香兼具的鮮美；而其中，又以體型稍小的雌蟹最是迷人，因此識貨行家總是捨大就小。

濱海漁家，多會特意挑選風味出色的雌蟹醃漬，而將個頭較大的雄蟹，經乾煎或烹炸後，加入白粥中滾煮，讓原本尋常單調的粥點，瞬間因為蟹殼腥香與鮮甜汁液而變得芬芳誘人，同時在飽食之間，還總能從蟹腳甲羅之中，漸入佳境的尋覓鮮美來源。而若僅只作為下酒小菜，也可直接將蟹體洗淨後以摻入蔥花及蒜末的麵漿拌勻，並入熱油中炸至酥香焦脆，連殼一同嚼食，更是痛快過癮。

同場加映

在防波堤或礁岩岸周邊活動時，經常可以見到許多不知名的螺貝與海藻，或是信手來支釣竿，也總能釣到一些雀鯛、鸚鯛或是天竺鯛等小魚。只要能夠確認體型尚可、不具毒性同時依其質地而適性適味的調理，也不失為令人嚮往的盎然野趣。

海邊撿拾的珠螺或岩螺可以滾水汆燙，搭配蒜蓉醬油或五味醬品嚐原味外，也可加上辛香佐料與九層塔大火拌炒，感受那濃郁芬芳。而約莫巴掌大的雀鯛、鸚鯛與天竺鯛，則可充分打理後，抹鹽醃漬十數分鐘，隨後以熱油乾煎或烹炸，趁熱撒上胡椒鹽享受細軟肉質，不然將兩面煎至焦香後，於起鍋前淋灑些許由醬油、酸醋與砂糖調勻的醬汁並略為收乾，享受半煎煮的好滋味。至於沿岸拾獲或捕捉的罕見蟹類，則因為多有毒害疑慮或風險，因此反倒不建議料理品嚐，以免影響健康甚至生命安全。

快速檢索

學名	*Plagusia squamosa*	**分類**	節肢甲殼	**棲息環境**	礁岩
中文名	鱗形斜紋蟹、瘤突斜紋蟹	**屬性**	海生蟹類	**食性**	碎屑食性
其他名稱	英文稱為Scaly rock crab, Red bait crab或Rafting crab；日文漢字為岩蟹或藻蟹。				
種別特徵	身體為扁圓形，擁有一對短肥螯肢，以及四對延長且末端呈現尖爪狀的步足；殼面上具有細小鱗狀或瘤狀突起，顏色由墨綠、深褐至紫黑，腹面則光滑潔白。可在礁岩面快速爬行移動，雄性體型相對較大。				
商品名稱	白底仔、白帶仔、礁扁	**作業方式**	誘釣、陷阱		
可食部位	肉質與生殖腺	**可見區域**	臺灣本島與離島礁岩		
品嚐推薦	東北角為主，宜蘭至蘇澳與花東一帶亦有；離島偶有少量品嚐。				
主要料理	生醃、煮粥、酥炸	**行家叮嚀**	風味多以體型較小的雌蟹為佳。		

佛手

聽不懂也看不穿

文雅的名稱是「佛手」或「筆架」，但呼應外形與質地的傳神稱呼則是「龜爪」，是外觀看不出來，形態也難想見的特殊食材。生活在潮浪拍擊，時而沉浸水中，時而又暴露烈日之下，難怪能鍛鍊出如此濃郁雋永的風味。品嚐或許不宜以飽足設定，而該是以體驗與樂趣出發。

不論從名稱或外觀，都不易了解這般食材，甚至見到本尊，還多因古怪形狀、特殊質地以及甚不起眼的顏色，而懷疑其是否真的可食。但其實，迷人的滋味，往往便在於那尋常無奇的外貌之下。

一般使用作為稱呼的佛手、龜爪或是筆架，搭配那有模有樣的外型，倒是頗為傳神，但就算見到本尊，也很難參透這外型甚是古怪的生物，究竟屬於哪一類的水產品，就更別說那可食與否及其風味表現了。單就外觀，許多人會因為其所具有的堅硬殼貝，而將之視作為是潮間帶或沿近海的一類螺貝，但其實若嚐過隱藏於殼甲下方的鮮甜滋味，便馬上會想起這似曾相識的風味，其實以其與甜香的螺貝比較，這特殊食材的滋味，反倒像是鹹腥的蝦蟹一般，特別是生殖巢多有持續發育季節所採獲的成熟個體，滋味更是無比濃郁醇厚。

一般稱之為「龜爪」，其實在分類上，屬於與蝦蟹相同的節肢動物門，而分屬六幼生綱、鎧茗荷目、指茗荷科的他們，實則為其下的龜爪屬物種，因此相對於形態特徵相似的螺貝，他們反倒與蝦蟹沾親帶故。

在地中海或南歐，這等食材不但極其美味，同時千金難求，許多深諳風味之美的饕餮，捨魚子醬或生蠔而不惜重金想要一嚐的珍味。相關料理並不困難造作，而僅是藉由汆燙、油煎或烘烤，讓那鹹香甘醇的風味可以真實呈現，隨後剝殼時細細品嚐，也總能衍生盎然興致與樂趣。在日本，佛手不但是沿海居民經常食用的美味，同時也多有在採集後送至大型卸販市場，隨後配送至餐廳中，成為風味誘人的小菜取材。而鹹腥風味也讓他們僅需簡單的汆燙或烘烤，便能充分享受。雖然外觀極其怪異，然而在剝殼後入口，那柳暗花明的鮮明味覺衝擊，方是教人為之著迷的主要原因。

佛手的採集極為困難，甚至還具有相對風險，因此不但是難得的美味，而且在食材供應與流通上，多有數量、穩定性與價格等不確定性，自然難成為常態性的供應商品，甚至必須事先預訂，同時想要一親芳澤往往所費不貲。也因此，在南歐或地中海料理中，不但是難得一見的珍稀與昂貴食材，同時還多有明顯的地區與來源限制，並非是隨點隨有或可穩定供應的海鮮。

主要原因是佛手必須以人力採集，加上其多生活於潮浪拍擊與潮水交換旺盛的潮間帶，並以叢生或簇生形式附著在光滑濕潤或多有藻類或其他生物附著的礁岩表面，不但採集作業必須算準潮水、忍受碎浪拍擊並避免不慎滑倒與撞擊，同時還得與時間賽跑，以免海流水位持續變化，帶來更大困難與風險。取回後的佛手多會盡速洗淨並以涼爽潮濕的低溫保存，然後隨即料理，以避免肥滿鮮味隨時間累積而消逝。

相對於南歐或地中海，日本料理多將佛手滾煮味噌湯、或加入清酒炊蒸，或以炭火直烤，享受原味的鮮香。而在臺灣，雖然可見到濱海的原住民部落，偶爾會收集此類食材品嚐食用，然相對更常見到的，是在馬祖一帶，分別在傳統市場兜售，或在風味餐廳中烹製的各樣經典風味。而這些沿襲傳統的烹製、調味與品嚐，多與中國大陸東南沿海的食用方式極為相近。

最直接且簡單的，便是將在沿岸潮池與岩面上撿拾或挖取的各類螺貝與藤壺，以海水直接焯水或汆燙，享受最自然的鮮，以及在鹹澀海水下愈加明顯的甜。亦有將佛手直接置於火上烘烤，隨著鹹香氣味飄散，殼口冒出蒸氣與泡沫後，便可剝殼食用，原本用於抵抗蝦蟹魚隻攝食的硬殼與角質鱗片，此時反倒成為確保內部質地柔軟濕潤的最佳保護。亦有將佛手與包括蠔干或淡菜並搭配花椰菜或胡蘿蔔等當令菜蔬快炒，滋味鹹香可口，而菜蔬亦因吸飽了鮮美滋味而更加誘人；或亦有將稍加處理的佛手摻入蛋汁後清蒸，而充分釋放鮮甜汁液的蒸蛋不但分外香甜滑嫩，吃完則還有可以嗑牙的佛手，讓品嚐樂趣盎然。

同場加映

在臺灣可見到的食用藤壺，除了佛手外，還包括俗稱為「火山」的「紅藤壺」。紅藤壺個體偌大，同時多以群聚方式成長，個頭大者往往形如一顆土雞蛋般，相較佛手而言，雖然少了柄狀構造那愈嚼愈香的彈性，但卻在恍若蝦膏蟹脂的風味表現上更顯濃郁。

可惜紅藤壺多生長於箱網、大型船舶繫纜或漂流物與人跡罕至的大型礁岩之上，並不見於一般市場或銷售通路。不過有機會在馬祖當地遇到俗稱為筆架或佛手的龜爪藤壺，大概也能同時見到俗稱鋼盔的「笠螺」，或以石蚵、花蛤與珠螺為主的多種螺貝，搭配當地別具特色的老酒與紅糟等調味料理，再來上一碗手工自製的魚丸、肉燕、魚麵、繼光餅以及老酒麵線，啜飲一口濃厚醇香的馬祖陳高，滋味特殊的一餐，絕對讓人印象深刻，並且回味再三，念念不忘。

快速檢索

學名	*Capitulum mitella*	**分類**	節肢甲殼	**棲息環境**	河口、淺海
中文名	龜爪藤壺	**屬性**	海生節肢	**食性**	濾食性
其他名稱	英文稱為Japanese goose barnacle或Kamenote；日文漢字為龜爪。中文名稱尚以龜足茗荷、佛手貝、鵝頸藤壺或石蜐表示。				
種別特徵	前端具有一如瓜子殼或爪狀般，且末端略顯尖圓的殼狀構造，其下方則連接著表面具有鱗片質地的頸狀或柄狀結構，除具彈性以外且可微幅伸縮。在水中會由爪狀構造的縫隙間伸出一如網狀的捕食肢，以利過濾並捕捉水中浮游生物為食。				
商品名稱	龜爪、佛手或筆架。	**作業方式**	需精準計算潮水後以人力徒手採集。		
可食部位	去除表面殼甲與角質鱗後之軟組織，卵巢是主要風味來源。	**可見區域**	臺灣四周沿海與離島。		
品嚐推薦	臺灣各地皆有，但因為採集費時耗工且多具風險，因此除為海濱居民偶爾取食或烹調料理特殊食材，否則僅多在離島馬祖可相對容易見到與品嚐。				
主要料理	汆燙、快炒或蒸蛋。	**行家叮嚀**	品嚐時請留意碎殼或鱗片影響口感。		

藤壺

美味活火山

彷若外星生物般的有趣形態，除古怪少見外，甚至在鋒利的邊緣或基座，還有粗心觸碰下不免割傷的風險。品嚐美味往往需要好奇、勇氣與決心，而如果能接受蝦子、對螃蟹不排斥，那麼在分類上接近兩者的藤壺，絕對值得勇敢一試。

貌似火山錐般的外型，其實是這怪異生物的有效偽裝與強力保護，除可避免潮汐漲退的高溫與烈日照射，同意亦可嚇阻敵害騷擾攻擊；然不只怪異的是他們那深居簡出的神秘行蹤，還包括與外型毫無關聯的物種分類。

多數人在潮間帶活動與接觸下認知的藤壺，會以其貌似火山錐的外型，以及多呈現灰白的硬實質地，甚至觸摸下毫無反應，同時也難以推移或剝除的堅固姿態，而理所當然地將他們視作為磯濱常見的螺貝類，甚至為退潮而裸露在空氣中的乾燥樣貌，不免讓人懷疑其是否仍具生命活力，還是僅為生物死亡後殘留的痕跡。其實躲藏在這直徑約莫數公分硬殼下的生物，係屬於與蝦、蟹及寄居蟹類較為接近的節肢動物，而並非是螺貝類為代表的軟體動物。此外，生物本尊皆躲藏於那質地硬實、僅在上方具有一開口或裂縫，並且邊緣鋒利無比的硬殼之中，甚至即便處於水下，他們也僅會以特化為羽狀或網狀的攝食構造，在水層中捕捉型態微小的浮游生物（plankton）為食，終身足不出戶，在礁岩面、船舶或航運設施表面乃至養殖箱網結構及海面漂浮物上緊密著生，毫不離棄。

看似古怪的生物，但在歐陸、地中海與亞洲，卻皆為珍稀罕見的美味。原因除了必須依靠人力採集，同時多有嚴格的環境、季節與海況限制，加上數量有限，且全數來自人力徒手採捕的野生漁獲，並無養殖供應，因此除價格昂貴外，品嚐時還得不乏好運氣。

在南歐與地中海，這些稀罕難得的海鮮珍味，多有由專人負責供應，然由於數量難稱充裕，也因此，除多在高檔餐廳供應外，同時相關料理也多以接近原貌與原味的鹽水汆燙呈現。而在國內，藤壺多是養殖業者、居住在濱海地區的原住民，以及少數漁家獨享用的私房美味，主要原因是這類中大型且在聚集時稍具數量並且相對方便採收成者，多出現在包括海上箱網的浮箱、網片或粗大的纜繩之上，平時無需多加管理，但到了肥美的繁殖季節，則是可以大快朵頤的罕見珍味。

一般食用的種類多為體型稍大的紅藤壺，此外亦有在潮間帶收集的近似種類，惟體型相對不足。在專販海鮮的批售市場或鄰近產地的觀光魚市，偶可見採集所得的藤壺零星販售，而那除多來自俗稱「海腳」的濱海居民或漁人，以徒手方式摘取收集或潛水挖鑿所獲，同時也多佩服其採集時的高超技巧、膽識與識貨的精準眼光。

採集時需以類似鑿子的工具，搭配小榔頭或石塊的巧手敲擊，將整個錐狀的構造直接取下，相對於附著於怪石嶙峋的礁岩面，著生於繫纜或平滑材質上的藤壺較容易剝下。久經潮汐風浪鍛鍊的藤壺，多能抵抗長時間的離水乾燥，只是一經採收者後多會直送餐廳，並於當日料理品嚐，以利確保品質新鮮與肥度，同時避免因環境變化刺激而排出取決風味關鍵的生殖腺。

藤壺的料理形式繁多，但不論何種料理，多以盡可能確保鮮度並呈現鮮醇原味為主，因此舉凡蒸煮、汆燙或烘烤，皆無過多或明顯複雜的料理工序，甚至因為在外殼內自帶海水鹹鮮與甘甜風味的他們，在相關料理與品嚐概念上，往往與生蠔多有雷同。藤壺雖無生鮮食用，但簡單的汆燙便已相當迷人。在取得當日現採的藤壺後，會直接以海水或鹽水汆燙，隨後放涼並在食用前方行破殼取用，類似當令蝦蟹膏黃般的色澤、質地與氣味，無比鮮香誘人。

藤壺的鮮美風味，往往讓人一口接一口而難以喊停，惟考慮價格消費，又不免有難以盡興之苦，因此部分餐廳除會提供烘烤料理外，也多有將藤壺放入蛋汁中清蒸，如此除可有效增加分量，或讓一時難以接受藤壺奇特外型的人們，可以藉由滲入蛋汁的鮮香，循序漸進的品嚐感受。部分漁村或觀光魚市，偶有當場現吃的藤壺販售，多依藤壺體型大小區分分量與價格，建議不妨鼓足勇氣一試，濃郁風味絕對讓人印象深刻。

同場加映

一般食用的近似種類，包括俗稱「火山」的「紅藤壺」，以及多現身於離島馬祖並於當地特色吃食，以其特殊型態而稱為「佛手」或「筆架」的「龜爪藤壺」，兩者雖造型奇特古怪，但卻皆為風味鮮美特殊的可食性節肢動物。在潮間帶，不單單僅有這類造型奇特一如藤壺、石鼈（chiton）等特殊食材，包括珠螺、苦螺、俗稱猴水仔的小章魚，或是依不同地區、季節與海況在潮間帶旺盛生長的各種藻類，也多值得以別具特色的當地料理及其調味品嚐，準叫這趟旅程印象深刻，同時滋味非凡。

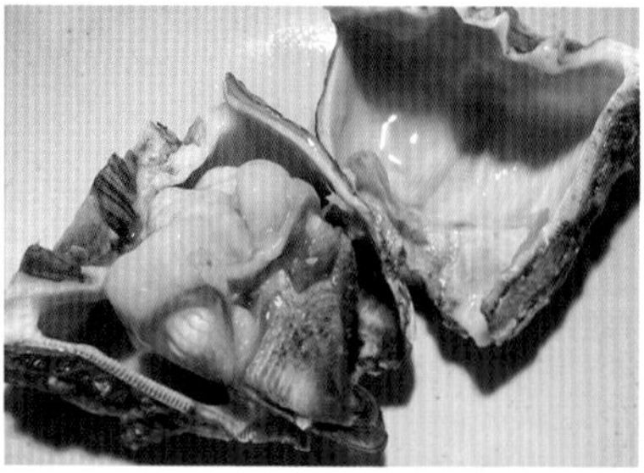

快速檢索

學名	*Megabalanus rosa*	**分類**	節肢顎足	**棲息環境**	潮間帶、近海
中文名	紅巨藤壺	**屬性**	海生節肢	**食性**	濾食性
其他名稱	英文稱為Rose barnacle；日文漢字為富士壺。				
種別特徵	具有一杯狀或火山錐狀般的石灰質外殼，其主要係個體分泌出用以保護自身的外骨骼。其生物本體則隱藏其中，終身不會離開。 生活於潮間帶或具有明顯水流的環境，以特化為羽狀或網狀的攝食肢伸出覓食，退潮暴露於空氣中時則緊閉殼口，等待再次漲潮。風味特殊一如蝦蟹，主要品嚐部位與風味來源為成熟個體的生殖腺。				
商品名稱	火山	**作業方式**	徒手挖取		
可食部位	生殖腺與軟組織。	**可見區域**	海上箱網、繫纜、潮間帶與漂浮物表面。		
品嚐推薦	宜蘭、南方澳、東港與澎湖等地具有相對較高的品嚐機會，惟多偶爾出現、數量有限、單價略高且供應狀態甚不穩定。				
主要料理	汆燙、烘烤或炊蒸。	**行家叮嚀**	品嚐時須留意破碎殼片及其鋒利邊緣。		

石鼈

龜息大法

緊緊貼附於岩面的特殊外形，不免讓人想到三葉蟲這種史前生物，但其實石鼈不但是軟體動物，同時經過慧心巧手的採集、打理與調味，多能成為別具風味與品嚐樂趣的特色食材。在海濱或漁村，那可是垂手可得，同時饒富野趣的天然美味，經久耐嚼的質地，也難怪被稱為口香糖。

附著於礁岩表面的石鼈，乍見之下，許多人不免會與印象中類似型態的古生物——三葉蟲化石產生連結。而這外型堅硬且包覆緊密的生物，不論形態、分類或食用價值及其風味表現，著實費人疑猜。

石鼈的外型怪異，不僅是那一如古生物般的奇特型態，還包括緊密包覆的殼片，與幾乎牢牢附著於礁岩表面，彷若八方吹不動般的堅固姿態。在熱帶地區，石鼈多僅有一至二個指節的大小，但隨緯度增加朝溫帶海域發展，主要棲息於淺海礁岩與海藻叢中的特定種類，卻可成長至一個橄欖球般的大小，因此在部分地區，也多有將其視作可食性的螺貝類，並以類似方式烹調料理。

在分類上屬於軟體動物多板綱的石鼈，與餐桌上經常可見的各類螺貝係屬同宗，只是發展時間較早，並且因為充分適應演化後，停留在目前的型態，而其緊密包覆體表的殼片，及其用以抵抗乾燥高溫離水環境的優異能力，也讓他們成為淺海礁岩環境中，適應狀態最成功的物種之一。殼片顏色、花紋與刻痕，以及表面與邊緣的殼毛存在與否及其形式，都是種類分辨的重要依據，而翻過面來，才能見到那構造簡單的吻部及具食用價值的足部。

石鼈的烹調料理、品嚐形式及其風味表現，與體型密切相關，也正因如此，在多有大型種類分布的溫帶地區，以及總是以嬌小精緻體型取勝的熱帶種類，在以食用為主的相關利用上便有明顯的差異。緯度較高的歐陸與北美地區，多會自海草或海藻床中，撿拾個頭偌大的石鼈，然後經過刷洗與汆燙後，去除表面殼片與影響口感的角質後，將僅保留足部的肌肉組織，切片後並經捶打軟化，再以奶油煎煮入味，隨後作為涼菜開胃冷盤或拌入沙拉增加風味，或是亦有切成小塊細後加入濃湯中。那仿若螺貝般的鹹鮮香味與層次口感為其主要特色。而在中國東南沿海、臺灣與離島乃至東南亞地區，體型較小的相關種類，則會以生醃、汆燙或是煮羹等方式食用；前者以略帶甜味與辣味的醬汁醃漬後冰涼品嚐，當作餐前或下酒小菜，而後者則以其仿若是縮小或迷你鮑螺般的型態，但卻有著絲毫不打折扣的鮮甜芬芳，充分展現迷人風味。

石鼈以其強而有力的足部，搭配環繞殼甲周緣的套膜，以及兩者交互形成的吸力，緊緊附著於礁岩表面，況且其出沒與活動多與潮汐漲退密切相關，而分布區域又多以怪石嶙峋甚至充滿溼滑凹凸的環境為主，也讓相關採集不但得完全仰賴人力，而且充滿挑戰與風險。採收後的石鼈多會裝在尼龍編織的網袋中，以避免鋒利殼片邊緣劃破塑膠裝袋而掉落；而以尼龍網袋盛裝的另一原因，則在於方便後續的去殼作業。殼片緊緊相連並牢牢附著於主要食用的軟組織之上，最為有效的去除方式，便是手腳並用地奮力搓洗；期間多會利用不同方向的攪拌、搓洗與碾壓，讓殼片破碎並脫離，然後再隨反覆沖洗去除。而在持續外力鍛鍊下，一方面可以去除影響品嚐的殼片，另一方面則可讓肉質緊縮更具彈性，稍後的汆燙殺青，則能將黏液與異味去除，而使得風味口感更佳，以利後續料理調味與品嚐。

石鼈在歐陸或北美地區，並非為常見或大眾多有接觸及接受的料理食材，但其特殊口感，卻是偏好或探究野味的嘗試對象。其烹調料理方式，則多是將其視作螺貝，經去殼、切割改刀[6]與烹煮入味後品嚐。在中國東南沿海，則多會採集石鼈並經處理後，添加於羹湯中食用。特別是逢年過節，外型橢圓且顏色輕淺的石鼈，外型一如過去使用的銀錠或元寶等貨幣，因此樣貌分外討喜，更何況還別具彈牙口感與愈嚼愈香的鮮美海味。

在東北角與離島，多可在許多標榜在地取材或風味料理的小店餐廳中，見到販售俗稱鐵甲或口香糖一味的特色小菜，其中主要取材便為去除殼片後的石鼈；前者名稱多來自那未經處理而緊密包覆於表面的硬實殼片，後者則傳神的演繹了那入口後必須持續咀嚼的柔韌口感。多以辣椒、蒜頭與略帶甜味的醬油醃漬而成的鮮明風味，也多讓石鼈在品嚐時更顯鮮香且十足開胃。抑或可將去殼石鼈以大火爆炒，或是與其他海鮮配料滾煮飯湯或海鮮粥，滋味也相當迷人。

6　改刀係利用深淺、方向或角度不一的劃刀，破壞部分組織結構或肌理，以利方便烹煮、入味與咀嚼吞嚥，具有修飾或提升口感的效果。

同場加映

在不刻意破壞棲地環境，同時不針對特定物種進行過度騷擾或大量採集，只要具有初步的種類辨識能力，並且排除不具食用價值或恐有毒害物種的前提下，隨潮汐漲退而可親近的礁岩岸或河口環境，總有多樣的珍味可供利用。特別是居住與作業鄰近濱海區域的漁家，對於這些獨具風味特色或品嚐價值的食材，更有著別具特色的烹調料理與品嚐習慣。例如俗稱「片仔」或「淺戳仔」的「笠螺」、有著半圓形口蓋的珠螺與風味微苦但咀嚼回甘的「苦螺」，或是個頭不大，但卻滋味鮮香誘人的生醃白底仔，都是城市中罕見但風味獨特、值得細細品嚐的美味。

快速檢索

學名	石鼈科（Chitonidae）物種	**分類**	軟體多板	**棲息環境**	潮間帶、礁岩
中文名	石鼈	**屬性**	海生軟體	**食性**	碎屑食性
其他名稱	英文稱為Chiton；日文漢字為火皿貝。				
種別特徵	軟體動物多板綱物種。體型縱扁，具有共8片殼片緊密包覆的外型；殼片具有頭板、尾板與六片中間板，質地、顏色與花紋則為重要種類區分依據。分布於熱帶至溫帶淺海潮間帶，於礁岩表面活動與覓食。				
商品名稱	鐵甲。去殼後亦有「口香糖」的暱稱。	**作業方式**	人力挖取。		
可食部位	去除殼片後的軟組織；以足部為主	**可見區域**	臺灣本島與離島礁岩。		
品嚐推薦	東北角與離島，惟因採收與處理困難，因此品嚐除須多加尋覓外，還不免得碰碰運氣。				
主要料理	生醃、汆燙、煮湯。	**行家叮嚀**	品嚐時須留意可能影響口感的殘留殼片。		

淺戳仔

帽子戲法

滿是衝突的奇特海味，採集與販售的是在漁暇時刻算準潮水從礁岩面上一粒粒鑿下，而料理與品嚐的則是那孩提時光的興奮期待，與無所不試的淘氣好奇。雖然身形單薄、肉質不豐，但卻有著令人立馬感受兼具藻類芬芳、海水鹹香與螺貝類甘甜肉質的魔力。

看似毫不起眼的貝類，外型極端扁平，甚至淺薄到讓人很難想像他的食用可能，然而這卻是沿岸居民或漁人們，熟悉深諳的美味。只是這等鮮美，必須自採自做，方能感受箇中誘人魅力。

俗稱片仔、批仔或淺戳仔的「笠螺」，其中包含了許多型態相仿的近似種類，雖然隨著分布區域、環境與物種組成多有不同，但是外觀皆正如其傳神的中文名稱——就像斗笠一樣。只是相對於多以竹製草編的斗笠柔軟通風，這些以分泌碳酸鈣堆積組成的硬實殼貝，不但牢固防水且密不透風，而且提供了這實際上屬於軟體動物腹足類的這類小生物，強而有力的支撐與保護，進而能在潮汐漲退與列強環伺之間，依舊悠然緩慢的自在來去，並以刮食礁岩表面的藻類與微生物為食。

分布於熱帶區域的笠螺體型多介於指甲片至指節般的大小，殼面顏色與花紋則隨種類不同而異，有的呈現略為隆起的錐狀，有的則光滑亮澤，同時還有著類似玳瑁殼甲般深淺交錯的花斑。棲息環境主要以潮間帶或河川下游的感潮帶為主，除少部分被當作水族缸中行為生態逗趣的寵物或具有清潔功能的飼養對象，其餘則多是沿岸居民多有採集與食用的迷人珍味。

初春或秋末採集的肥美笠螺，多有著極其迷人的鮮甜風味與滑溜口感；雖然屬於可食性的軟體動物，但卻因為分布於熱帶與亞熱帶區域的種類多半身型分量有限，且可食部位主要集中於以足部為主的軟組織，所以相對於大部分以撈捕收成或養殖培育的經濟性貝類，笠螺的品嚐僅限於濱海地區，或少數深諳食材的漁人或原住民。

食用方式多以生醃或汆燙為主，前者的調味類似臺灣尋常可見的鹹醃蜆，而後者則略以近滾沸的鹽水快速漂過，以避免持續高溫久煮損及那質地間的柔滑口感。雖然偶見海產店以熱鍋大火，加入大量辛香佐料拌炒，但脆弱殼緣往往因不耐鍋鏟翻炒，導致破損而影響口感，再者過於厚重的調味也多會影響其細膩質地與嬌貴的鮮甜，而讓人難以真正嚐到笠螺的迷人滋味。

笠螺棲息於潮間帶或河川下游的感潮區[7]，沿岸居民或漁人，總會利用氣候與潮水良好時分，把握漁暇機會，從環境中收集這些造型奇特的螺類。與多數人印象中具有明顯螺層或螺塔的外觀，笠螺那呈現明顯縱扁，僅在中央或略顯偏移的部位隆起的扁錐或碟狀外觀，加上多不超過三公分直徑的體型，自然限縮了他們的可食分量。所幸翻至腹側，便可見到那幾乎填滿殼口的柔軟腹足，而那正是最主要的風味來源。熟練的採集者僅需憑藉一根前端扁平且稍具彈性的金屬片，或是稍加改造的一字起，便可快速的在環境中採集，並在漲潮開始前，迅速收集到可供料理的充足分量。但因爲型態嬌小，所以笠螺多在洗淨後直接料理，甚至直到品嚐時方才將殼貝剝除或吐出，也因此，在料理前也幾無任何的宰殺處理，並多在活生狀態下直接料理，依據料理與調味分別以低溫浸漬或高溫汆燙處理，保存鮮香風味。

淺戳仔最經典的料理與風味表現，便是以類似鹹醃蜆的製法與調味。自傳統市場購得或自行採集的笠螺，在浸漬前多仍處於鮮活階段，表面少有泥沙或異物的食材，僅需以冰涼乾淨的鹽水略為浸泡與抓洗，並趁機將空殼或死貝剔除。除去表面多餘的黏液後，便可加入以涼水稀釋的醬油、砂糖並投放辣椒、蒜瓣或甘草片後混合的醬汁，隨後在冷藏環境下醃漬一天，便可享受那耐人尋味的鮮美。部分店家為求快速且可長期保鮮販售，則會以冷藏與冷凍等不同環境交錯搭配，一方面讓風味迅速滲入質地之間，另一方面則可確保在一星期前後的風味口感不致產生明顯變化。

生醃的淺戳仔，在可食用的分量上往往不如尋常可見的鹹醃蜆，但那柔滑中愈嚼愈香，同時富於鮮甜汁液與藻類腥香的迷人滋味，卻是後者遠遠不及。此外，也可直接以熱水短暫汆燙，在不損及質地口感並讓肉質過於緊縮下，單吃或是蘸以芥末醬油的餐前配菜，也分外可口。而經過大火拌炒所製成的香辣風味，雖然不免可惜了淺戳仔那柔滑口感與細緻質地，但仍不失為搭配冰涼啤酒的良伴。而西南沿海也會收集淺戳仔經發酵製成鹹膎（或做醢或眭），搭配清粥或番薯籤糜也別具風味。

7 指環境中水位、鹽度與其他水質參數會受規律性漲退潮影響的範圍或區域，一般退潮時為淡水，漲潮時具可與海水相近的鹽度。

同場加映

會與淺戳仔一同出現在河川下游感潮帶，或是在布滿藻類的潮間帶岩石表面者，還包括外形及分量上略為相似，只是外觀更顯立體的「蜑螺」。只是相對於以舌尖輕滑或吸吮便可取下細緻肉質，同時愈嚼愈有滋味的淺戳仔，具有螺旋層次的種類，不是有干擾痛快品嚐的口蓋（靨）打攪，便是很難將完整螺肉及其後端緊銜的內臟團一併取出，況且，吸食時還著實考驗著齒舌並用的靈活與否與肺活量。不過久居海濱的原住民或是漁人，總能巧手慧心的從環境中取材，並不破壞自然的平衡和諧，然後依據時令與風味，展現那信手捻來的特殊美味。因此下次途經東北角或花東，可別老是著眼在龍蝦鸚鯛或野生石斑，櫥窗中那一小盆色澤黝黑，同時醃漬入味的螺貝或蝦蟹，或許方是能令人心神嚮往同時記憶深刻的美味。

淺戳仔

快速檢索

學名	笠螺科（Patellidae）物種	**分類**	軟體腹足綱	**棲息環境**	河口、潮間帶
中文名	笠螺	**屬性**	海生軟體	**食性**	碎屑、藻食性
其他名稱	英文稱為Limpets，主要以其類似鴨舌帽般的外型緣故。				
種別特徵	依種類不同，分別棲息於河口感潮帶或是沿岸潮間帶之小型軟體動物，在熱帶與亞熱帶地區多僅為數公分體型。殼貝淺薄而無螺旋，殼頂略呈錐狀，下方具有寬扁且接近圓形的足部；除供作食用外，部分也應用作為觀賞水族飼養，協助消弭缸中滋生藻類。				
商品名稱	淺戳仔、批仔、片仔。	**作業方式**	人力挖取。		
可食部位	除殼貝以外的軟組織。	**可見區域**	臺灣本島與離島。		
品嚐推薦	基隆、東部沿岸與離島；主要料理與品嚐皆以海況相對穩定的春末至秋初時節。				
主要料理	生醃、汆燙、快炒。	**行家叮嚀**	品嚐時須留意部分殼片邊緣相對鋒利。		

海蜇

既非果凍也非魚

雅緻名稱下，其實是對食用水母及其各部位的泛稱，而那一口酸爽脆彈，則分別來自傘盤與觸手，因此若要適性對味，購買或選擇時，可得區分是海蜇皮還是海蜇頭。以鹽漬脫去水分縮小體型方便運輸，同時還能經久耐放，料理前復水膨發，佐以酸香調料或辛辣芥末，便是誘人食慾的一道開胃菜。

多數人都可以知道一般所稱的海蜇，實則為可食性的「水母」，但卻由於國內並無生產，而用以烹調者多是經鹽漬或乾製的進口商品，更何況還依據不同部位呈現的口感與價值，再加以細分為海蜇皮與海蜇頭，於是到頭來，大夥還是無法確認入口下肚的特殊風味究竟為何。

「海蜇」與珊瑚及海葵，屬於刺胞生物，也就是在觸手或腕的表面具有刺胞。其毒性往往隨種別不同而有懸殊差異，輕則無感無害，嚴重者則足以致命，而部分種類即便僅是讓人不慎觸及時仿若電流通過或灼熱難耐，但已經相當不舒服。多數用於食用的海蜇以分布中國沿岸的種類為主，其中不乏出現於河口或淺海等營養鹽豐富的海域，除有充足的食物可供攝取外，同時體組成高達九成以上皆以水組成並支撐的他們，也多有季節性的大量發生、容易受潮水或海流攜帶，並且快速成長的特性。一般所見的食用水母在尚未鹽漬脫水以利保存前，體型多在一個籃球到水桶般的大小，其傘盤與觸手由於形式及質地不同，所以多在捕獲後予以分開，並分別製作成海蜇皮與海蜇頭販售，料理取材亦多有此區分。惟一般使用多以水母體（medusa）為主，而不使用其處於發育初期階段的水螅體（hydra）。

歐美飲食市場中少有使用水母入菜，但在亞洲華人地區，從東北亞的日韓，到中國大陸沿海，乃至東南亞的印尼與越南等，卻多有食用風氣，甚至不乏養殖、撈捕、生成與加工，並透過以鹽漬或是降低水分的乾製技術。使其可以長時間的保鮮防腐；如此不但可以方便儲運，同時也適合經泡發後重現那爽脆口感，並多用於以冷菜或前菜為主的料理中。以往的海蜇多僅由南北貨商行供應，但隨加工技術盛行，有越來越多的調味與即食商品。以往多以宴會上的冷盤形式，在年節、婚宴的前菜中現身，如今多有方便即時的調理包，讓人可以隨時享受這鮮脆彈牙的別緻口感。

由於國內並無生產食用海蜇，因此市場所見皆為分別由東南亞區域乃至紅海所進口的鹽漬或乾製海蜇。前者多以因過飽和而析出並密布表面的明顯鹽粒，或是因為潮解吸收大量空氣中水氣而稍稍浸潤於鹽滷中的樣貌；後者則多以木桶或盒裝，並以一層海蜇、一層混合不同成分的灰泥相互交疊，主要目的便在於吸濕並使質地常保乾燥，以避免長久儲存與長途運送可能導致的變質腐敗。

甫撈捕上岸的鮮活海蜇，不但體型偌大，同時因飽含水分而充滿彈性，此時漁民會把握時間，立即將傘盤部與觸手分離，以利後續作業。傘盤部大小一如鍋蓋，厚度亦多達六到八公分之譜，但一旦水分因時間或醃漬鹽分析出，質地與大小也隨之持續縮減，最終僅得一如手絹般的分量，而表面呈現緻密疙瘩或聚縮為絨瓣狀多觸手也好不到哪去。不過別惱，只要一經溫水浸泡發脹，大小厚度立馬回復不說，還多能重新展現鮮爽彈脆質地。

整個華人風味的飲食市場，打北起的韓國，直到水母食用風氣極盛的越南，相關料理幾乎皆為涼拌。想必除了呼應水母那晶瑩剔透且保水彈脆的質地外，同時也因為涼拌使用調味多顯酸香，很容易帶出那入口後隨咀嚼所迸發的清涼與嚼勁，所以在甚是對味的前提下，自然多以涼拌形式的開胃前菜或美味拼盤。僅有極少數的餐廳，會分別以略帶酸甜鮮辣的宮保或三杯調味，烹煮質地較顯緊實的海蜇頭，或者以豆醬調味，加入氣味清香的芹菜一同燒燴。而那恰到好處的軟滑質地，正是海蜇口感最引人入勝之處。

不過要製作口味鮮香的海蜇，從取材、泡發、切絲、調味乃至鹹辣濃淡與溫度的掌握，都是關鍵。要先選擇質地厚實的「蜇皮」或柔軟脆爽的「蜇頭」，其次則是以不同溫度的清水交替泡發——而講究者還會兼或油發，好讓彈脆愈顯鮮明。

調味除來自生抽、辣椒油或生辣椒的鹹辣外，香醋則是關乎風味良窳的靈魂，尤其是製作江浙風味的頭盤小菜或拼盤更顯重要。而部分也會以調勻的芥末粉佐味，讓嗆辣過癮之餘，還多有一抹呼應清爽口感的粉綠。

同場加映

因為以鹽漬或灰粉保存，所以海蜇多能長時間的維持品質與鮮度穩定，直待烹調料理前再行泡發即可。採購來源除了傳統的雜貨店與專販南北貨的商行外，逢年過節的市集與年貨大街，或是以鮑參翅肚為主打的店鋪中，也多可見到標示不同來源國與地區的海蜇，任君選購。這些商號不但多有出售各類可搭配海蜇的調味用料外，還多會在選購後傳授獨門的發泡與調味秘方，讓製作起來更加得心應手並幾無失誤。

既然如此，不妨以相同取材，藉由不同分切與調味，分別製成芥末蜇絲、宮保蜇頭或將其與花枝或泡發乾魷分別一同大火搶鍋製作名為爆炒雙脆的美味菜式吧！絕對能賓主盡歡，印象深刻。

8 諸如越南等東南亞國家多有將鮮活或生鮮水母經浸漬調味後直接食用的特色料理，相較復水泡發商品，口感更顯鮮香飽滿且柔滑爽嫩。

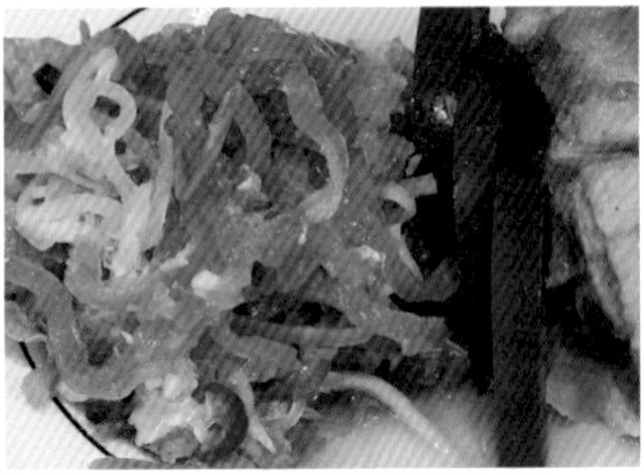

快速檢索

學名	根口水母目（Rhizostomeae）物種	**分類**	刺胞生物	**棲息環境**	沿岸、近海
中文名	可食水母	**屬性**	海升刺胞	**食性**	動物食性
其他名稱	英文通稱為Jellyfish，日文漢字則為與中文相同。				
種別特徵	生命週期區分為水螅體與水母體兩個時期，前者行附著生活，後者則可自由漂浮或利用傘盤收縮搭配觸手動作而具泳動能力。一般食用種類不具毒性，同時體型甚大，惟為有效保鮮並長時保存與儲運，因此多以鹽漬或石灰處理，故在脫水後體型明顯縮減。				
商品名稱	海蜇、海蜇皮（傘盤）、海蜇頭（觸手）。	**作業方式**	大量發生或聚集時多以網具或徒手撈捕。		
可食部位	全體，包括傘盤與觸手。	**可見區域**	東北亞、中國沿海、東南亞。		
品嚐推薦	市售多為鹽漬或乾製品，需泡發後烹調再行調味方可食用；一般多為前菜或拼盤內容之一，偶有以口味較重的快炒或與菜蔬一同燒燴後品嚐。				
主要料理	生食[8]、汆燙後涼拌或快炒。	**行家叮嚀**	料理前須充分洗、脫多餘的鹽分與鹹味。		

海膽

冒險犯難的美味

令人望之生懼的密布棘刺，加諸暗沉古怪的顏色外形，實在很難引發食慾；孰不知那橙黃耀眼，同時滑潤細緻並帶有濃郁藻類香氣的卵巢，正是被視作珍味，並廣泛見於生魚片或壽司中的「雲丹」。只是品嚐時別單看滿是日文的包裝，了解產地、來源與種類，方能盡享美味。

要品嚐這般風味，不免需要冒險犯難。一是海膽多於春夏交界潛水徒手採集，二則是必須有效化解那密布全身同時輻射外放的尖銳棘刺，就算前兩者已花錢解決，但仍得突破心理障礙將之推送入口，方能感受這有著濃郁藻類芬芳且名稱美妙的鮮香。

海膽屬於棘皮動物，在飲食市場中具有接近親緣的物種包括海參與海星，雖然這些生物的外觀、顏色乃至質地多顯奇特，但海參名列華人飲食中的四大海味，而海膽亦不只單純出現在以生食為主的日本料理中，甚至成為歐美飲食市場，視作具催情或求歡隱喻的美味。至於海星，雖僅有中國東北或東南亞的泰國與越南等地，偶有經燒烤調味後品嚐，不過與其稱為美味，倒不如說多視作為放膽嚐的對象。

供作食用的海膽多半稍具分量，除具有一個圓球般的外殼，同時隨種類不同，表面多有粗細、長短與分布密度稍顯不同的棘刺。而在棘刺間靈活擺動並在末端一如吸盤，可供個體吸附與靈活爬行的，則是棘皮動物特有的水管。海膽口面位於下方中心處，如此有趣的形態外觀，剛好成為抵抗掠食者侵擾攻擊的最佳防備。

蠑螺、海膽與鮑螺，向來是溫帶地區極具特色的海產美味，特別是這三者多半生活於滿是大型藻類或巨藻（kelp）叢生的沿岸淺水處，因此不論在日本或韓國，自古便有海女或海士從事相關採集，並以其鮮活漁獲或加工產製品出售營生，而相關資源的利用，也自此成為濫觴。如今雖然多有不同地區的海膽生產與供應，但最高品質的海膽，仍以產自如日本北海道利尻等同樣出產高品質昆布的環境。同時全球美食圈，也多視日本料理在選料用料或調理品嚐上，為全球供應的標準與標竿。龐大的食材需求，讓如今不論是加拿大、越南、菲律賓或俄羅斯產的海膽，仍是以日文包裝供應行銷，僅在盒子側邊的一小排片假名拼音中，稍稍透露了其主要的生產地或供應來源。

在歐美市場，海膽多以生食為主；而在亞洲，則分別變化出活生現剖的生鮮、經蒸煮、煎炸或烘烤等烹調，或是分別添加於醃漬商品或蘸醬中，讓風味口感變化更顯鮮活。

一般在餐桌或碟盤中見到的海膽，除極少數是以連殼帶刺接近活生外貌或生物本體的方式呈現，否則多已經妥善處理，特別是供日本料理製作壽司或丼飯使用。那隨不同種類、產地、季節、發育狀態與肥美與否，而在顏色上呈現從淡黃至桔紅的瓣狀柔軟質地，其實都來自海膽成熟飽滿的生殖腺，並皆以雌性所具有的卵巢為主。除因方便儲運、銷售與使用的海膽卵巢會以人工挖取後，以略有重疊的覆瓦狀擺放，整齊的擺放於一只約莫巴掌大的小木盒中，市場中亦有流通產期產季以徒手潛水採捕收成的活生海膽，並以其離水後仍不斷活動的棘刺，突顯其出色鮮度，甚至撬開幾個海膽，展示其分別於外殼內緣持續發育的數瓣卵巢，並以其分量、顏色與飽滿狀態強調品質絕佳；除此之外，還有鹽水海膽或海膽醬等商品。雖然海膽其卵巢的取用，不如面對具有堅硬且密閉殼貝的生蠔般，必須使用特定的刀具，但打開海膽務必由口面中心刺入，並左右擺動撬開，同時避免碰斷或讓細小棘刺或碎片落入可食部位，也別被滿佈外表的棘刺所傷。

日本料理中，最高品質的雲丹多是做軍艦或手捲品嚐，簡單的紫菜（nori）包夾，不但方便取用入口，亦是海膽主要食物來源的紫菜，更襯托出海膽卵巢綿密中具有細緻彈性，同時混合濃郁鮮香與甘甜的風味。而入喉後滿嘴生香的尾韻，更是品嚐海膽的最大享受。此外，海膽也被用做不同食材或料理的調味，因此不論在散壽司上隨興鋪撒幾瓣雲丹，或是將其一如蟹膏或魚肝般放在生魚片、握壽司或蒸蛋上，不論在色彩搭配、視覺美感乃至風味表現上，都能大幅提升並使其富於層次。

本地四周海域多有分布且供作食用的常見種類，主要以俗稱「馬糞海膽」的「白棘三列海膽」，或是俗稱為「紫膽」或「褐膽」的「紫海膽」為主。東北角、花東與澎湖的海膽夙負盛名，特別是端午以後至中秋，多是鮮活飽滿，風味絕佳之際；而近年針對資源保護的有效管理，更提升了品質表現，更何況強調產地直送，現開現吃，更是風味無比。現開海膽品嚐，雖然可直接品嚐那僅由天然海水調味的原味，但也著實考驗著挑選眼光與手氣好壞，而如果不好生食，則多有店家將海膽敲開後洗去多餘鹽分，然後填入米飯並置於炭爐上慢火焙烤，再不然則是將海膽卵巢取出，洗淨後與蛋液混合並藉由控制溫度、油量與時間，分別以煎蛋、烘蛋或日式蛋卷等形式表現；而搭配雞蛋的甜香，海膽風味更顯出色。

同場加映

如果一開始對於接觸這種口感軟嫩同時風味特殊的食材仍有心理障礙，或尚無把握或決心品嚐價格稍高的海膽，建議不妨可以先從具有相關取材或添加比例的醃漬品，或有加入但卻比例不高的軍艦壽司或調味小菜入手。例如日本料理店或壽司店，多有價格相對平實的罐裝海膽醬，並多用於部分白肉魚與生蝦的生魚片，作為調色或修飾風味使用，不然在目前蓬勃發展的迴轉壽司品嚐也極為推薦，或是可以單點一貫海膽軍艦，或是選擇以海膽調味的生拌軟絲及銀魚，也多可以在風味口感不是如此單一下，輕鬆的嘗試這入口稍顯腥稠，但卻入喉後多能回甘的奇妙風味。

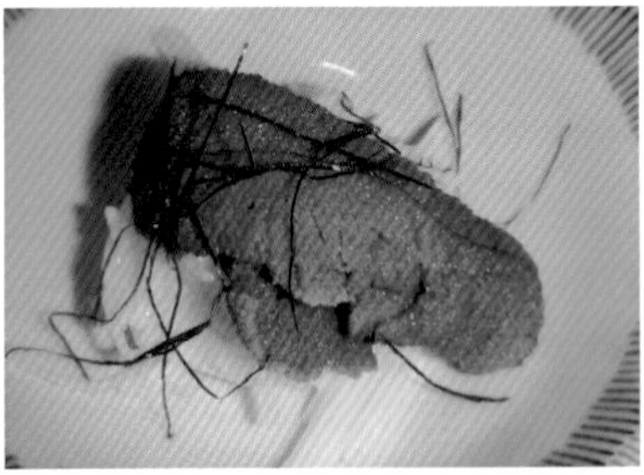

快速檢索

學名	*Tripneustes gratilla*	分類	棘皮動物	棲息環境	沿岸、淺海
中文名	依種類不同而異。	屬性	海生棘皮	食性	植物食性
其他名稱	英文稱為Sea Urchin；日文中則將取自海膽殼內成熟的卵巢以漢字「雲丹」表示；讀音則為U-ni。				
種別特徵	海膽隨種類不同，而分別在外觀型態、顏色紋路、棘刺粗細、長短與分布密度上多有顯著差異；除此之外，也可藉由觀察其殼片表面的紋路，以及包括殼片表面與牙齒型態及其邊緣的細微構造，作為種類鑑定的重要依據。				
商品名稱	海膽、雲丹或U-ni。	作業方式	多於產期產季以徒手潛水方式採捕；一般餐廳為求品質與價格之穩定供應，亦多有自東南亞、北美、歐洲或日韓進口。		
可食部位	成熟飽滿的卵巢。	可見區域	臺灣四周沿海淺水處，以東北角、宜花東與澎湖較為常見。		
品嚐推薦	鮮食、烘烤或用於其他食材與菜色的調味使用，但推薦品嚐多以未經刻意調味或加熱熟化的生鮮質地最佳。				
主要料理	調配蘸料、醃漬或涼拌添加、生鮮品嚐或煎蛋。	行家叮嚀	非產季並無卵巢發育，而部分保鮮品則因製作過程過度以明礬漂洗（主要為確保形態完整）而損及細緻風味與口感。		

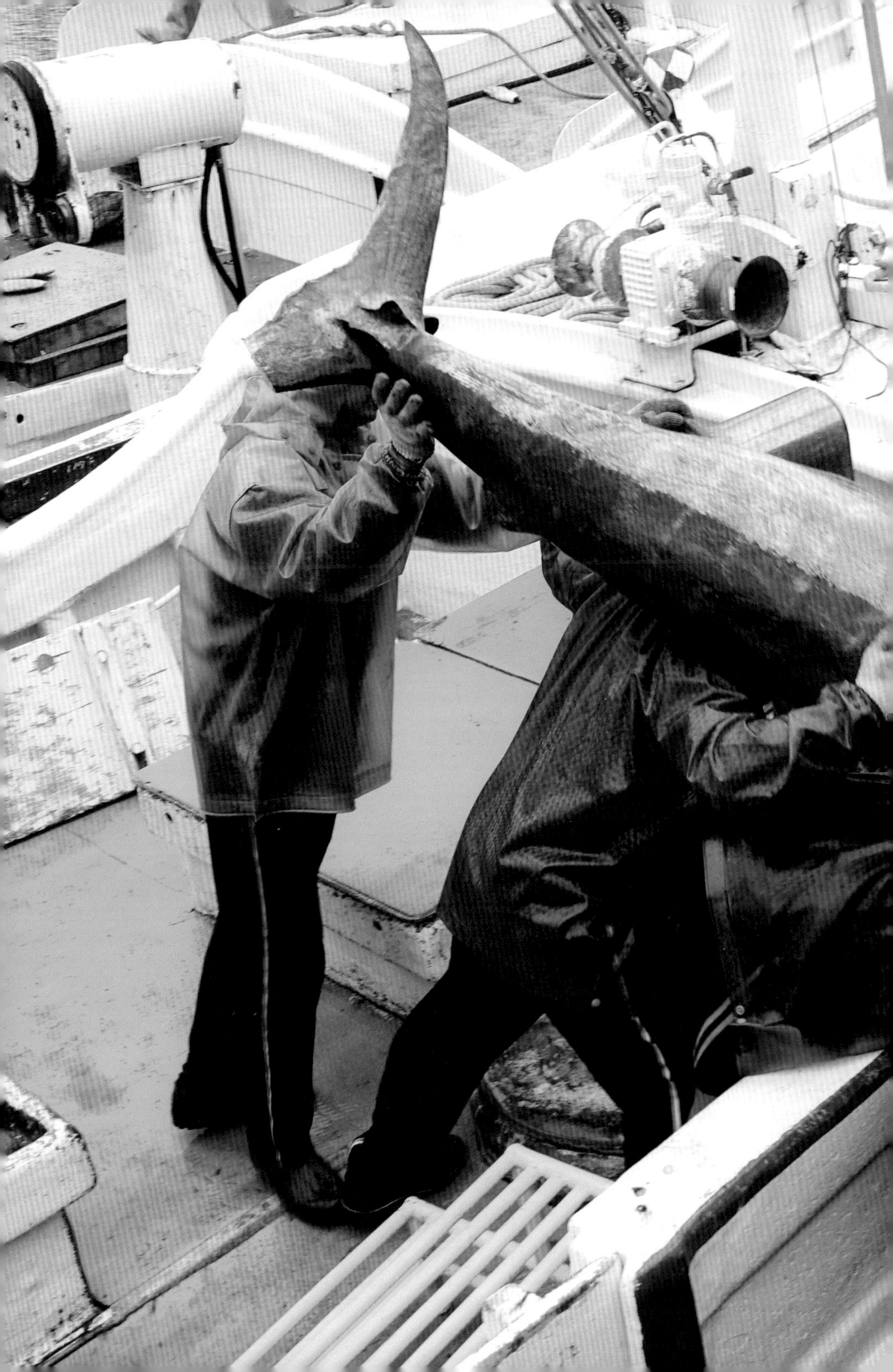

主菜・主餐

菜餚中的主要取材或料理主角

馬鞭魚　美味火槍隊

別見其延長吻端與尾部不具食用價值，稍具體型的漁獲，僅取魚身中段，仍有不少可食分量；若是鮮度絕佳，還能享受生食、乾煎與煮湯等一魚多吃的豐富精采。市面販售漁獲有著褐色與橘紅兩種，雖然體色不同，但風味無差，都值得忽略怪異長相，勇敢一試。

一種長相與顏色都極為特殊的魚種，細長如鞭的身軀、延長如管且比例鮮明的中空吻部，加上橘紅與或淺褐的體色差異，十足具有喜感，但卻也讓人懷疑他的食用可能、品嚐方式與風味表現。

馬鞭魚的外貌特殊，明顯延長的外型，往往讓他們被彎折在簍筐中，然後翹起那延長管狀的中空吻部。而之所以名為馬鞭，就不知道是長度相近還是形態類似，只是多數人見到那滑稽的相貌，總不免感到好奇、驚訝或是難以控制的噗嗤笑出。馬鞭魚多棲息於沿近岸的水表處，而那身型樣貌正是為了可以巧妙的隱藏於環境之中。此外，中空的吻端也多可利用迅速擴張所產生的負壓，倏地將在攻擊範圍內的鎖定目標，以迅雷不及掩耳的速度，連同海水一併吸入，可謂百發百中、從無失誤。而類似的攝食方式，也出現於在生物分類學上，具有相對較近親緣的海龍、海馬或是管口魚等物種。

淺海處的馬鞭魚多以形單影隻的形式出沒，偶爾可見兩三尾伴游，不過多藉由貼近水面來隱藏自己，而那由尾鰭中央對稱處延伸如絲般的游離鰭條，則是與諸如俗稱青旗的鶴鱵，或體型較小的水針等近似種類間，相互分辨的重要線索。

馬鞭魚在中國、日本、臺灣與東南亞皆有出產與食用，但卻礙於形態特殊、宰殺處理費工，同時亦無專門釣獲或捕獲的穩定數量持續供應市場，因此一是被視作為季節性或地域性出產的少見漁獲，另一則多被列為休閒垂釣或探險嚐鮮的對象，罕見於傳統市場或生鮮超市。

可別看那呈長筒狀的延長體型，部分重量可達到二、三公斤的個體，特別是體色亮橘至桃紅、肉質飽滿且鮮度絕佳的現流漁獲，往往是許多標榜產地直送、當日鮮活或是強調使用在地食材的小店餐廳，展現高超調理技法的特色取材。在中國，會以醬燒或紅燜的方式，讓滋味與質地皆顯濃稠的醬汁，藉由長時間燒燴並使其充分入味後品嚐。在臺灣，中小型的魚體會斬剁成段後乾煎、烘烤或是煮湯，而大型漁獲則會參照日本料理方式，由體側取下質地略顯透明的緊實肉質，並片切為薄片或條狀，佐以現磨山葵與醬油，享受那如同鯛魚或以漢字鱧表示的海鰻等高級白肉魚般的美妙滋味。

馬鞭魚是風味清淡的白肉魚，特別是供生鮮品嚐的料理，必須避免肉質在宰殺過程受到內臟、血汙與環境因素的干擾，因此打理時必須留意；但如果是用於煎煮燒燴或煮湯等烹調，則僅需去除頭部與內臟即可。馬鞭魚偶爾可在市場見到，但更多機會則出現在漁獲產地或專門販售小釣漁獲的當地市場，鮮度品質則可分別從顏色、眼睛明亮度、魚體僵直與否及肉質彈性良窳進行判定。宰殺時會先由鰓部兩側後方斜向入刀，然後以彎折搭配抽拉的動作，順勢去除頭部並移除腹腔內的主要臟器；而未被清理乾淨的臟器，則可以分別從頭部後的切口處或臀鰭前方的肛門處下刀，打開腹腔後再將包括脊椎下方的腎臟，與其他臟器或脂肪一併移除。分別剁除頭部與尾部的馬鞭魚，在長度上幾乎立即縮減一半，但相形之下也便於操作。生鮮料理多以日式三枚切技法取下清肉，隨後再依需要切為薄片或條狀；而中式料理則多斬剁成六至八公分的長段，方便料理。

日式的馬鞭魚料理，多是以類似河豚的薄片，或是形態一如水針般的細條呈現，因此相對於原本那略顯奇特的滑稽外貌，顯然會讓人仔細品嚐。那略帶透明的彈性肉質，及其鮮爽脆彈的細緻口感，與醋飯搭配捏製握壽司，或是片薄或條狀的魚片，都清香爽口。品嚐時可以搭配風味酸鮮的桔醋，或佐以現磨山葵與淡口醬油，讓滋味更顯鮮明。

臺式的馬鞭魚料理，顯然就是食材鮮度與火候直球對決。粗獷者可直接煎炸或燒烤，細膩者則煮成氣味清香且口感溫潤的薑絲清湯與味噌湯。由於肉質潔白、質地纖細且風味淡雅，格外讓人通體舒暢，特別是飽餐之後來上溫熱一碗，或是用以搭配風味強烈的蝦蟹貝類等海產熱炒，以及辣口白酒或冰涼啤酒，也多層次鮮明，滋味非凡。此外，魚骨分布清晰簡明，亦無鬼怪刁鑽的惱人暗刺，所以品嚐時僅需將筷尖沿體側中線水平劃開，然後分別朝上、下推開，便可輕鬆品嚐。

同場加映

具有類似延長體型的魚種，扣除底棲性的鰻魚，或俗稱錢鰻或薯鰻的「裸胸鯙」，以及具有延長吻端特徵的種類，大概以俗稱青旗或開旗的「鶴鱵」、在日本料理中為高檔食材的「水針」，以及多作為當地土產或意外釣獲的「管口魚」等，不過由於體型分量、烹調料理與質地風味都不盡相同，所以往往難以比較。「鶴鱵」具有上下皆呈針狀的尖銳吻端，同時也為三者中身形分量最大，但卻因為骨刺甚密而鮮食價值不高。俗稱「水針」或直接音譯日文さより的「沙悠里」種類中，以「斑鱵」最具代表性且風味鮮美，特別是細工壽司或懷石料理中多可見到，然而高度宰殺技巧卻十足考驗料理者的功夫火候。至於「管口魚」，則多來自沿近岸釣獲或捕獲，僅在離島或漁村偶有料理食用，多數時候，還是以其特殊形態的欣賞價值，成為水族館飼養展示的對象。

快速檢索

<table>
<tr><td>學名</td><td>Fistularia petimba</td><td>分類</td><td>硬骨魚類</td><td>棲息環境</td><td>表層</td></tr>
<tr><td>中文名</td><td>鱗馬鞭魚；鱗煙管魚</td><td>屬性</td><td>海洋魚類</td><td>食性</td><td>肉食性</td></tr>
<tr><td>其他名稱</td><td colspan="5">英文稱為Rough flutemouth, Red cornet fish或Red cornetfish；日文漢字為赤矢柄。</td></tr>
<tr><td>種別特徵</td><td colspan="5">體呈長柱狀、吻部延伸且比例明顯，背鰭與臀鰭比例小，尾鰭中間有絲狀游離鰭條。</td></tr>
<tr><td>商品名稱</td><td>火管（紅色）、槍管（褐色）、喇叭。</td><td>作業方式</td><td colspan="3">撈捕、誘釣</td></tr>
<tr><td>可食部位</td><td>魚肉</td><td>可見區域</td><td colspan="3">臺灣本島與離島四周沿海。</td></tr>
<tr><td>品嚐推薦</td><td colspan="5">東北角、宜蘭至蘇澳、花東一帶、東港與澎湖等地；偶有日本進口漁獲供料亭使用。</td></tr>
<tr><td>主要料理</td><td>生魚片、煮湯、紅燒或燒烤。</td><td>行家叮嚀</td><td colspan="3">體色差異不影響風味口感。</td></tr>
</table>

角魚　翩翩起舞

頭部兩側各有一突出骨片，因而得此名稱，但更多時候，市場總稱其為國光。擁有緊實如盔般的堅硬頭部、如羽翅般可寬闊開展的胸鰭，及其下方如同爪狀總在海底緩慢爬行的鰭條，更是這類魚種的特色。

鮮活角魚的鮮艷顏色與翩翩風采，在觀賞價值上絕對比食用風味來得出色許多；不僅在於那與橘紅體色形成強烈對比的藍綠色胸鰭，以及表面散布著如寶石般點點閃爍的金屬光澤，同時那彷若在海底翱翔的優雅姿態，更是讓人感到驚豔萬分。

角魚的名稱，大多來自比例鮮明且質地硬實的頭部，分別於吻端與鰓蓋邊緣所具有那突出且尖銳的棘刺，除此之外，在背鰭前緣處也有類似的硬棘，所以若抓取不當，多半會為其刺傷而感到疼痛甚至招來血光之災。角魚並非沿近岸主要作業對象，而多伴隨垂釣赤鯮或馬頭魚等高價水產，亦或是來自於誤入捕蟹籠具之中的副產漁獲；再不然則是深水蝦拖網的漁獲收成，也多可見到具有相關種類組成的身影。

平時他們會以胸鰭下方的爪狀游離鰭條，一方面在多堆積泥沙的海底，以類似爬行般的姿態緩慢前進，另一方面，則會利用偏下位的口部，在底床處收集小型甲殼類或軟體動物為食。若當長距離的移動，或受驚嚇而必須快速游離時，個體則會撐開一如翅膀般的寬闊胸鰭，並以類似滑翔般的姿態，從容優雅的展現兼具形態與行為上的特色與魅力。

由於並非主要漁獲對象，價格亦因古怪樣貌、罕見於市場上的陌生名稱，甚至是分量上相對有限或偏低的可食比例，都讓角魚的價格明顯偏低。不過商人總是可以其別具特色的外貌，以及對比強烈的鮮明體色，再冠以一個令人印象深刻的名稱，吸引好奇的吃主品嚐。食用多種類海鮮的南歐或地中海區域，多會將角魚伴隨包括貽貝、蛤蜊、俗稱角蝦的海螯蝦（scampi）與多種魚類及小型頭足類，以先煎後烤逼出油脂與香氣後，再加入高湯或醬汁行燉煮或燒燴。在日本，則會挑選鮮度絕佳者生食品嚐，享受具有透明質地的爽脆肉質，或是與韓國及臺灣相同，除亦有以醬料燒燴的料理家庭料理外，也會以烹炸方式表現那因加熱收縮而略顯緊實的肉質——也難怪那紋理鮮明的白肉，也讓他們有著「雞角魚」的特殊名稱。

當日返港的海釣船或蝦拖網漁船，只要有良好的水冰保鮮，卸下漁獲中不時可見到一息尚存或仍處於僵直狀態的角魚。此時除抓取時必須得分外留意，以免為其尖銳硬棘所傷，同時也可順道以其顏色、光澤與質地，做為鮮度與風味的評判依據。其實若要判定角魚是否新鮮，那寬闊的胸鰭往往是極具指標性的重點，因其鮮活時總能散發一如蝶翼上鱗粉般閃爍動人的金屬藍綠光澤，但隨鮮度漸退，則會慢慢轉為死氣沉沉的墨綠至鉛灰綠色，最終就一如腹部色澤般淺淡無奇。雖然頭部比例鮮明，但卻因為分外發達的硬實骨質而不具食用價值，僅一對比例鮮明的魚眼可供食用，因此一般料理多在烹調前便直接剁去不用。而留下的魚身，也多會開膛剖腹後除去內臟，尤其是會影響風味的腎臟（脊椎骨下方兩側），然後斬剁成塊後再行料理。

取材角魚製作最顯華麗的菜式，應屬日本料理中的「姿造」。其實姿造取材可為各式魚鮮素材，甚至不乏蝦蟹螺貝，一般常見的代表以竹筴魚與鯛魚為主；然而不論任何取材，都不如擁有強烈體色對比，同時寬闊胸鰭一如蝶翼般開展的角魚，來得引人注目。分別自左右體側取下肉質，並經去皮與拔除細刺後，多會切成厚度僅二至三公釐的薄片；而那晶瑩剔透的薄片，除可隱約呈現用以承盛裝的淺碟其表面勾繪製的華麗花紋，同時捲上細蔥並後蘸以酸桔醋，或佐以淡口醬油並佐及現磨山葵表現的清新爽脆的質地，也讓這原本分量有限的角魚，不論在外型氣勢與風味口感上，立馬提升不少檔次。

在臺灣，角魚的料理相對顯得樸實，一般多以紅燒為主，而若喜好相對清淡風味，則可滾煮薑絲清湯或是味噌湯。雖然去除頭部後的可食分量有限，但因加熱而收縮的肉質，卻可以筷尖輕輕撥弄，便能由魚骨處成塊的完整剝離，此外，擁有類似蝦蟹般濃郁鮮香的甘甜，也多讓人留下深刻印象。或者亦可將去除頭部的魚身以三枚切的方式區分左右並去除骨刺，裹粉烹炸，或是隨後加入滋味酸甜的醬料燒至入味，也多是可充分展現食材特色的推薦料理方式。

同場加映

會隨角魚一同捕獲者，時常包括約莫十五公分上下的擬鱸、仙女魚與青眼魚，或是一些造型與花色同樣特殊，但多以石狗公或石虎統稱的鮋科魚種等。這些魚種或許因為體型分量稍顯不足，不然則是因為多在頭部、體表與背鰭及臀鰭處具有銳利棘刺，而讓相關處理與品嚐顯得困難棘手。但若能藉由斬剁去除、分切改刀甚至是炸至通體酥脆，反倒能在輕鬆入口之餘，同時享受這些多屬白肉魚在質地間的鮮明彈性與濕潤細緻。而相對於部分專擅相關種類料理的店家，漁人們對於這類名不見經傳，或少在一般飲食市場流通的魚鮮素材其烹調料理與品嚐，則顯得豪邁許多，除多以大量菜蔬搭配多樣魚蝦蟹貝大火滾煮至風味完全釋放於湯汁中，同時還多會慷慨的舀上一大碗，然後隨興盡情的痛快享受。

快速檢索

學名	*Pterygotrigla hemisticta*	**分類**	硬骨魚類	**棲息環境**	深水、底床
中文名	尖棘角魚	**屬性**	海生魚類	**食性**	動物食性
其他名稱	英文稱為Blackspotted gurnard或Half-spotted gurnard；日文漢字為底竹麥魚。				
種別特徵	具有比例鮮明的頭部，同時口部開口偏下位，吻端前緣則有水平延伸的兩只硬棘，因此稱為角魚。鮮活時體色為橙紅，腹面白皙，而胸鰭充分開展後則具帶有金屬光澤的藍綠色。鰓蓋邊緣亦具棘刺，而腹面則有類似爪狀游離鰭條可供爬行使用。				
商品名稱	角魚、雞角仔、國光。	**作業方式**	拖網或深水誘釣之副產漁獲（bycatch）。		
可食部位	魚肉	**可見區域**	東北角、宜花東與屏東東港		
品嚐推薦	具深水誘釣、陷阱籠具或拖網作業的漁獲中多可見到，自然相關品嚐也以漁獲產地周圍為主；主要包括基隆、宜花東與高屏地區。				
主要料理	紅燒或煮湯。	**行家叮嚀**	可食部位的分量與比例均低。		

那個魚　這個就是那個

因為名稱冗長拗口，因此乾脆以「那個」稱之，因而常見在產地周邊攤販或餐廳中，此起彼落的以這個、那個相互應答。魚體只有處於僵直時稍具彈性，裹漿後高溫烹炸，質地便轉為半透明的果凍狀，若持續滾煮，甚至多消溶於湯汁之中。而也正因如此，加上量多價廉，自然成為漁獲產地周邊，老人小孩主要營養來源之一。

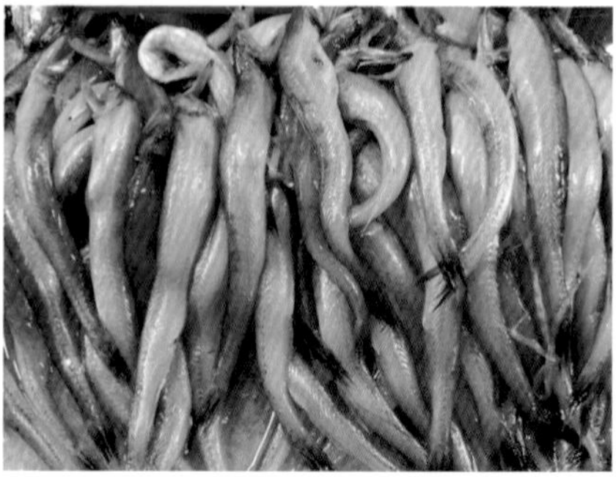

以往因為並不知道真正名稱，且多是下雜漁獲中僅偶爾撿拾，當作自家食用的魚種，所以多隨意、甚至敷衍的稱為「那個」。只是這款魚有著少見的奇特口感，使其成為造訪頭城大溪、南方澳或東港必嚐的特色食材。

雖然外型形似狗母，在親緣上也有一定的關聯，但是若兩相比較，便會發現俗稱「那個」的「小鰭鐮齒魚」，不但體色多為稍顯單調的灰白色，少有一般狗母所具有的複雜細碎紋路，同時表面觸感也光滑且柔軟許多，甚至眼睛的比例也因少有光線抵達的底層而變得相對微小。而這些特徵上的差異，皆來自分布水層的差異所致。不過沒有改變的是那直達眼後的寬闊口裂與滿口尖銳的利齒。

這看似猙獰的面部表情，除了清楚說明以吞食小型魚蝦為主的肉食性（carnivorous）外，同時也間接表示了在棲息環境相對有限的食物來源，與極其競爭的生存挑戰，因此一旦遇上或覓得獵物，自然便是盡可能地吞噬入腹。而明顯柔軟的質地，則是因為棲息於頗具深度的環境中，用來對抗相對明顯水壓的有效策略，而類似的表現，也出現在悉數深水棲性的物種之中。

只要來自深水誘釣、拖網或是以陷阱籠具採捕的漁獲收成中，大多可以見到那形態樣貌與觸感質地相當特殊的「那個魚」。早期因為無相關料理應用，更遑論常態性的供應銷售，僅是沿岸居民或漁人，隨興或偶爾撿拾並料理的食材，或者供作水產養殖投餵使用的下雜魚組成之一。一直到今天，那個魚雖然成為造訪宜蘭或東港的必嚐美味，但因為作業環境與應用漁法緣故，那個魚依舊無法成為主要漁獲，只是隨著人們愈加重視口感與風味表現，所以在身價不斷翻高之際，鮮度品質確有獲得明顯提升，甚至如要在下雜魚堆中尋覓那個魚，卻早已被眼明手快的市場高手搶先拾起集中；其中或有自行食用，也有整理後再行銷售。

那個魚及其近似種類，在東南亞、中國、印度與臺灣皆有食用，其中更是為龜山島與東港之特產，以熱油烹炸後品嚐。

外表光滑且質地細嫩的那個魚，在烹調料理前幾乎不用任何處理。且因為肚腸雜物與會影響風味的內臟甚少，因此僅需除去頭部，並順帶刮除腹內血汙後，便可直接調理應用。骨細刺軟到幾無察覺，且口感一如果凍般的特殊口感，毋須費心挑刺並擔心哽喉風險。為講究鮮度，攤商在販售時，總以完整全魚樣貌以昭公信，並多在紙板上特意以粗黑的簽字筆寫上斗大的「那個魚」三字，深怕來往人們不識他的廬山真面目。而挑選時多會以體表光亮濕潤，隱約透著光澤與透明感，並且身體飽滿硬實，腹部沒有明顯膨大或乾癟的魚體最佳。由於宰殺處理簡單，僅需在頭部後方切一刀口，並將魚頭與身體以水平方向朝兩側拉開，便可在摘除魚頭時，同時將腹內臟器一併除去。

傳統的那個魚料理，多是利用食材軟滑的特性，直接將其添加於飯湯、麵線或是湯點中，稍經熬煮，便充分的融入質地濃稠的湯汁之中。一來方便小孩與老人食用，不太需要刻意剔骨挑刺；二來能補充日常生活所需的均衡營養。更重要的是，那個魚多能在卸貨的副產漁獲中隨手撿拾，因此也撫慰了許多生活上難稱寬裕的人們。

時至今日，那個魚的特殊名稱，以及與悉數魚鮮迥然有異的獨特口感，反倒成為當地小店或餐廳中用以宣傳攬客的特色料理素材。常見者多以裹漿酥炸為主，藉由酥脆的外表，突顯那滑溜透明類似果凍一般的質地，並搭配香辣鹹香的胡椒鹽趁熱食用。或有以乾煎、紅燒、煮湯或煮麵線等方式料理，口感也堪稱一絕；特別是對幼時曾有吃過這般風味的人，傳統的煮麵線或煮絲瓜湯，略帶鹹香與些微辛辣的一鍋滾燙，搭配著早已因為魚肉融入其中而顯得濃稠，順口之餘還多有著印象深刻的美味回憶。

同場加映

在深水拖網的副產漁獲中，其實不乏許多造型奇特的物種，不論是用來食用，或是收集製成教材或標本收藏，都十分特殊。只是前者由於必須把握鮮度且耗費人力與時間挑選，所以絕大部分多經冷凍或攪打混合後，供作投餵養殖水產的生鮮餌料來源。而後者則必須配合漁船進場卸貨時間，同時忍受那複雜且腥濃無比的氣味，所以多半在其中細心揀選的，大多以分類採樣的研究生或專家學者為主。

底拖網中不乏一些造型特殊的蝦蟹，或是包括深水棲性的鮟鱇、狗母、角魚、燈籠魚或鮋科魚種，雖然種類組成及其分量乃至鮮度，並不一定可供食用，但卻能讓多數人眼界大開；特別是棲息於深水環境的奇珍物種，如今就在面前，也不妨就其特殊外型與質地，乃至體表特殊的發光器等特徵，好好端詳欣賞一番，其樂趣往往不輸食用品嚐。

快速檢索

<table>
<tr><td>學名</td><td>Harpadon microchir</td><td>分類</td><td>硬骨魚類</td><td>棲息環境</td><td>底棲</td></tr>
<tr><td>中文名</td><td>小鰭鐮齒魚</td><td>屬性</td><td>海洋魚類</td><td>食性</td><td>動物食性</td></tr>
<tr><td>其他名稱</td><td colspan="5">英文稱為Bombay duck，中國稱為短臂龍頭魚。</td></tr>
<tr><td>種別特徵</td><td colspan="5">約莫擀麵棍般的長短粗細，體色為略具透明質地的灰白，但隨鮮度退去而轉為白濁並失去彈性。口裂明顯、具有滿口利齒且面目猙獰，但烹調料理與食用卻鮮少見到頭部。為拖網經常可獲的副產漁獲（bycatch），但卻因為含水量高且經加熱後具有類似果凍般質地的肉質而著名。</td></tr>
<tr><td>商品名稱</td><td>那個、水仙、水狗母、狗肚魚。</td><td>作業方式</td><td colspan="3">拖網捕捉；但非主要對象。</td></tr>
<tr><td>可食部位</td><td>全魚（但多去除頭部）</td><td>可見區域</td><td colspan="3">宜蘭頭城、南方澳或屏東東港。</td></tr>
<tr><td>品嚐推薦</td><td colspan="5">基隆、宜蘭、南方澳與東港偶可見到；以往為下雜漁獲，現今則成為地方特色料理。</td></tr>
<tr><td>主要料理</td><td>裹漿酥炸或煮麵。</td><td>行家叮嚀</td><td colspan="3">須留意食材體型與鮮度方能體驗特色。</td></tr>
</table>

燈籠魚　識貨的才懂

貌不驚人的小黑魚，明顯眼睛與散布體側的小黑點並非髒汙，而是一顆顆的發光器。多半悄悄的伴隨櫻花蝦或全身亮澤的紅喉一同捕獲，但有著濃郁鮮味，炸至肉酥骨化足以整條入口，咀嚼間還多有濃郁蝦蟹氣味的他們，卻因此成為在地主婦居民，價格平實且物美價廉的三餐首選。

幾乎在產地周邊才會見到的特殊魚種，甚至隨漁船卸貨或送入市場，較眼明手快的消費者多半會迅速將體型較肥碩且鮮度絕佳的漁獲立馬挑起，致使這鮮美風味無緣進入餐廳，就更別說是供應一般零售市場或生鮮超市。

在市場中一般稱作「七星」的燈籠魚科（Myctophidae）物種，主要分布在水深數百米至千餘米的水層中，雖然數量相對豐富，但卻因為長相特殊、身形不大，並非為主要漁獲對象，而是多伴隨底拖網、蝦拖網或陷阱籠具混獲（bycatch），因此並無專業或穩定的捕捉及販售。臺灣周圍海域分布十八屬約莫五十種上下的種類，但一般食用多集中在體長介於十至十五公分的種類。其主要的特徵，包括紡錘體型、圓鈍吻端、比例鮮明的一對大眼，延伸至眼後的明顯口裂，以及散布於體表，特別是腹側與臀鰭基部處的發光器。多數體色以黑、白或紅為主，隨種類與分布深度有異，但皆可從其略突出於體表的顆粒狀發光器區分種類。惟發光器僅在活生或棲息於幽暗水層方能展現功能，離水死亡後便僅為黑藍色或略帶青綠色的細圓突起。

相關種類的分布與海域深度及海底地形有關，雖然沒有專門撈捕作業，但卻因為諸如蝦拖網、中層或底拖網及陷阱籠具等作業，在採捕諸如紅目鰱或櫻花蝦等主要經濟性種類時，多有順道捕獲，而若漁獲稍具體型且鮮度不差，自然會順道挑起供作銷售。只是由於燈籠魚體型小、形態特殊，且價值不高，所以少為人知，多僅在產地周圍銷售。

在日本，僅有部分地區以酥炸方式，直接或再浸泡於醬汁入味後食用，而國內食用亦相同，但隨魚體大小，還包括乾煎或半煎煮等形式，除此之外，多數鮮度不佳或不具食用體型的漁獲，則多視作「下雜魚」而用於養殖魚蝦投餵或製作飼料使用。

由於來自蝦拖網或底拖網作業混獲，因此多為撈捕諸如大頭蝦、胭脂蝦、櫻花蝦、紅目鰱乃至紅喉等經濟性種類的意外收成。但有趣的是，相對於前述高價商品，一斤多在百元上下的燈籠魚，只要稍具體型且鮮度不差，反倒成為當地人優先挑選與品嚐的對象。只不過由於價格低廉，加上魚體分量有限，因此多數攤商魚販並不提供宰殺服務。還好魚體表面光潔、僅需摘除頭部與稍加清除腹內臟器，對一般居家料理前操作並不困難費事；一般摘去或切除頭部時，會順道以一股巧勁將腹腔中的臟器連帶拉除，如此便完成了大部分的前置處理，隨後沖洗幾次除去表面黏液與髒汙，或以些許食鹽醃漬入味，便可直接供做料理。

因為多有相關撈捕作業的混獲收成，因此在日本高知、愛知與三重縣皆有烹調與品嚐燈籠魚的習慣；這類被稱為「外道魚」的混獲對象，隨當地特殊漁業應運而生，狀況類似於臺灣。食用方式多以裹粉或裹漿酥炸，隨後蘸以醬料品嚐，或是直接將炸得酥脆的燈籠魚趁熱浸入醬汁，待其入味後品嚐。

國內使用相關食材入菜或品嚐的狀況，主要集中於具底拖網作業或卸貨拍賣的產地周邊，同時可免除長途運輸與耗時而影響鮮度。常見的如宜蘭或南方澳多將燈籠魚酥炸或清蒸；而屏東東港則多以酥炸、乾煎或是半煎煮，來呈現食材特有的細緻質地與鮮甜風味。

直接摘除魚頭並除去內臟的魚身，可整齊排在鍋中以熱油煎或炸至酥脆，可隨口味偏好分別選擇拍上薄粉、蘸裹顆粒明顯的樹薯粉或地瓜粉，或者直接包上一層混合全蛋的麵漿；酥炸後麵衣厚薄軟硬及口感各有不同。炸至酥脆的魚體可整尾食用，趁熱撒上胡椒鹽或搭配番茄醬，風味更加鮮明。也可以煎至表面金黃酥香後，沿鍋緣烹上些許由醬油與香醋調和的醬汁，撲鼻而來的氣味，也能讓人食慾大開。

同場加映

有機會造訪屏東東港的華僑市場，約莫下午一點前後，拖網作業漁船返航卸貨，或是在每年十一月至翌年五月間，櫻花蝦船隊多有作業的月份，便可在市場中見到諸如紅目鰱（當地多稱為炎公）、紅喉、黑喉或對蝦等漁獲。此時不但多有餐廳爭相收集數量有限的美味食材，同時也有專門替餐廳或店家採購特殊或預定食材的商販，眼明手快的挑選著各類魚鮮。由於特殊的作業方式與海域，因此多可見到包括狗母、牛尾或東港著名的那個魚等特殊食材，以及像是角蝦、異腕蝦或是甜蝦等美味。因此建議不妨多加詢問，同時勇於嚐鮮。

快速檢索

學名	燈籠魚科物種泛稱	**分類**	硬骨魚類	**棲息環境**	深水、近底層
中文名	燈籠魚	**屬性**	海洋魚類	**食性**	肉食
其他名稱	英文稱為Lanternfishes，日文漢字為裸鰯。本地則稱為七星、發光魚或燈籠。				
種別特徵	全球產約三十二屬超過兩百四十種，臺灣周圍海域分布十八屬約五十種上下。屬中小型深水域種類，體型數公分至十數公分不等，隨科屬種別不同而異；體色多為白色、黑色或紅色。腹側具顆粒狀的發光器，多數種類吻端圓鈍，但擄明顯眼徑與延伸至眼後的口裂。				
商品名稱	七星；發光魚	**作業方式**	中層拖網、底拖網或陷阱籠具。		
可食部位	全魚	**可見區域**	宜蘭、南方澳與屏東東港。		
品嚐推薦	鮮度良好者可以直接全魚酥炸，除無須括鱗剖腹打理外，同時還可整尾入口嚼食，充分享受鮮美風味。				
主要料理	酥炸、乾煎或紅燒。	**行家叮嚀**	僅稍具體型及鮮度者具食用價值。		

鼠尾鱈

趁熱先吃

外型與顏色皆不甚討喜，且罕見於市面的樣貌與名稱也不易為人接受；但只要嚐過那酥炸後再以糖醋澆淋全身的濃郁芬芳與爽脆口感，伴隨著醬汁的甘甜酸香，便多將先前的徘徊遲疑與滯步不前通通拋在腦後，甚至還想再來一盤！

名稱有「鱈」，已讓他具一定價值，而入口時的細軟鮮嫩，更讓許多人對他情有獨鍾，只是那黝黑斑駁的顏色，以及古怪罕見的樣貌，還是不免影響食慾胃口——因此，先吃再說！

被稱為鼠尾鱈的種類繁多，但因為並非為主要漁獲對象，所以罕見於一般市場，僅有在以底拖網作業為主的拍賣市場或產地周圍，可以見到相關種類。一般食用對象包括以底尾鱈屬（*Bathygadus spp.*）、腔吻鱈屬（*Coelorinchus spp.*）、凸吻鱈屬（*Coryphaenoides spp.*）及凹腹鱈屬（*Ventrifossa spp.*）為主的相關種類，漁獲種類組成及其大小與數量，則隨作業區域的位置、底質與範圍而定，只是幾乎全數種類，都是生活在超過百米的水深之下。這些被稱為小鱈魚或鼠尾鱈的種類，與一般市場所稱的「扁鱈」（實為大比目魚）或「圓鱈」（實為小鱗犬牙南極魚）並不相同，甚至與一般所稱的「鱈（cod）」，不論在親緣分類、外型與經濟價值上皆有一定差異，但卻因為風味特殊，因而成為近年多被食用的深水漁獲，而其黝黑的體色，正是分布在一定深度海域的最佳證明。

不論是國內外，這類伴隨深水高經濟性食用魚種一同混獲的收成，不論在樣貌、價格或是市場接受程度與能見度上，都遠遠不及大家熟知的大目鰱、紅喉或真鱈魚，而多來自而那些以拖網、陷阱或延繩等漁具與漁法，順道捕獲的副產漁獲（bycatch），若沒有被挑選或經良好保鮮，多被作為飼料使用，也因此這類魚往往被歸類於「下雜魚」，僅有鮮度良好並具體型與特殊口感風味者，有機會被挑出販售。

不過深闇風味的漁家或饕餮，卻總能從眾多種類中區分美味的品項，譬如利用煎炸或燉煮，展現食材的細嫩質地及特殊風味。而在日本鹿兒島，漁民也會將鮮度絕佳的當日現流漁獲，切製為生魚片品嚐。

國內的料理方式，則多巧妙的運用了深水漁獲相對較高的體水分組成，及其所獨具的細膩肉質與濕潤質地，並以煎炸方式呈現帶有濃郁蝦蟹風味的特有腥氣；更何況炸至酥脆的魚鰭與尾部，更是焦香脆無比，盛盤上桌後，眼尖手快的吃主總是趁熱搶先，一筷子就鎖定那滋味迷人的特殊部位大口享受。

由於兼具深水捕獲與外道魚的雙重特色，所以在作業與分選過程，除分別將具體型分量的漁獲搶先挑出，否則難有妥善處理與及時低溫保鮮的良好對待，因此要品嚐到風味絕佳的鼠尾鱈，一是親臨漁獲卸貨產地或拍賣市場，另一則是尋求部分航程天數稍多、航行距離較遠且以撈捕深水蝦蟹與螺貝類為主的作業船隻，因其或許會將相關漁獲在收成分選後立即裝箱冷凍，退冰後烹調料理與品嚐，口感風味亦不致與當日現流漁獲產生過大差異。

由於身披細鱗、薄鱗或無鱗，加上因為體水分偏高而質地多顯柔軟，鼠尾鱈全身上下皆可食用。宰殺處理作業比照一般魚類，甚至更顯輕省，唯一要注意容易腐敗的內臟，尤其是肝臟與胃袋，必須充分去除並洗去腹腔內的血汙，以避免後續高溫烹調時產生異味。不過在清洗時不妨可以打開胃袋，看看他們肚子裡還殘留些甚麼，或許偶爾會帶來見到奇特生物的驚喜。

國外常見的料理與品嚐方式，多以酥炸或燉湯為主。前者除去頭部後整尾裹粉或裹漿酥炸，體型多以骨刺甚軟不影響整尾直接嚼食品嚐的大小為主，後者則多以稍具體型可供分切為魚塊或魚片（fillet）者，然後與諸如花枝、章魚、貽貝或牡蠣等海鮮一同烹煮。喜好生食且只要是新鮮漁獲無一不供作刺身料理與品嚐的日本，則會將相關種類切製後，蘸以醬油並搭配山葵或芥末享用。此外，亦有酥炸或紅燒等形式，端看料理取材之種類及其分量而定。

國內接觸與食用鼠尾鱈的風氣大約在十年前開展，主要原因是頭城大溪在龜山島周圍，以底拖網作業的捕蝦船或主要捕捉紅目鰱與赤鯮的漁船，多有堪稱豐富的相關或近似種類收成。鼠尾鱈雖然外貌、顏色不佳，但卻因為質地細軟，高溫烹炸後還多具有濃郁的蝦蟹類氣味，因此成為許多餐廳提供特色甚至獨家料理的特殊取材。一些專門販售「龜山島海產」的海產攤，也總將鼠尾鱈、紅喉、胭脂蝦與大頭蝦，當作招攬客人的美味食材。

常見的烹調方法多為酥炸後再紅燒，或是在出菜前趁熱澆淋口味酸香的糖醋汁，而炸得酥脆的鼠尾鱈，總能從頭到尾，整條痛快吃完。

同場加映

臺灣四面環海，雖有豐富多樣的海洋撈捕收成，但隨海域位置與深度不同，除搭配的漁具與漁法多有差異，在捕獲對象的組成上也各具特色；其中，令人感到驚奇與喜出望外的，除了隨季節更迭而分別以春、夏、秋、冬為代表的鯛魚、白帶魚、鬼頭刀與鮪魚、秋刀魚及旗魚，以及紅甘與土魠魚外，隨水層持續增加，而在收成上種類及其樣貌愈見罕見的種類，還多有由沿近岸具色彩繽紛體色的種類，逐漸轉變為以紅色、黑色與白色為主的一致特徵。例如在深達三 五百公尺水下以拖網或延繩誘釣的魚種，便多以黑灰體色的鼠尾鱈、俗稱白魚虎的銀鮫或鬚鯛為代表。這些魚種多是伴隨諸如大目鰱、紅喉、黑加網或俗稱鱸麻的大型石斑一同混獲，只要鮮度不差，加上稍顯分量甚至別具風味口感，多半會被餐廳收集販售，或成為觀光魚市中用以推銷的特色商品。

快速檢索

學名	鼠尾鱈科（Macrouridae）物種泛稱	**分類**	硬骨魚類	**棲息環境**	底層
中文名	鼠尾鱈	**屬性**	海洋魚類	**食性**	肉食、腐食性
其他名稱	英文稱為Grenadiers，日文漢字為髭鱈或鎧鮋。臺灣則稱為小鱈魚、黑鱈魚或鼠尾鱈。				
種別特徵	全球產近六十屬超過三百種，臺灣產十五屬超過七十種。外型隨科屬種別不同而異，但體色多由蒼灰至黝黑，尾部細窄且末端呈絲狀；頭部黏液腔發達，部分種類吻端突出。				
商品名稱	小鱈魚、黑鱈魚、鼠尾鱈。	**作業方式**	底拖網。		
可食部位	魚肉、魚鰭、魚頭。	**可見區域**	宜蘭、南方澳與屏東。		
品嚐推薦	基隆、宜蘭大溪與屏東東港，另臺灣北部專售深海或龜山島海產的餐廳亦多有販售。				
主要料理	酥炸、紅燒或糖醋。	**行家叮嚀**	並非所有皆為可食種類，應依據體型與鮮度詳加選別。		

地震魚　龍宮使者

地震魚的悄然現身，其實與地震發生毫無關聯，反倒是當其出現在定置網、魚市場或餐廳冰檯之上時，提供了人們嚐鮮體驗的機會。生鮮時觸摸一如鐵片般的硬實體表，高溫蒸煮後除有類似比目魚與鱈魚般的細軟肉質，同時魚皮與骨刺也能轉為果凍一般，特殊口感讓人印象深刻。

「皇帶魚」的出現，總是令人稍稍不安，因為造型奇特的他們，不論在魚販或在市場中，總習慣以「地震魚」稱呼。甚至每逢地震發生時，新聞記者總要找出近期捕獲的資料新聞，不然便是緊張萬分的揣測他們出現是否有任何風吹草動的關聯徵兆。其實，不過就是條偶爾被延繩、拖網或定置網捕獲的罕見魚類罷了。

不論是以皇帶魚或地震魚稱呼，只要能親眼見過完整全魚，或是體驗其龐大身形與奇特觸感，便不難理解為何會得此稱呼。原因當然是不尋常的體色、質地、光澤乃至側扁卻明顯延長的外觀，此外，還包括了那比例鮮明的大眼、頭部與背側的游離鰭條，甚至是誇張詭異的面部表情。不過雖然罕見於一般市場，但卻是許多餐廳會特意挑選的食材，而主要滿足的，便是消費者追求新鮮或想一探究竟的好奇心。

除了皇帶魚（*Regalecus russelii*），形態類似的石川氏粗鰭魚（*Trachipterus ishikawae*），也常常被稱為地震魚，特別是當分切成「段」後的兩者，往往不易輕易區分。皇帶魚為棲息於中深水層的魚類，除攝食或交配繁殖偶有接近淺水或洋面，否則不輕易現身，因此有著「龍宮使者」的稱呼。漁民多認為在地震後可相對頻繁的捕獲這類特殊魚種，因而給了地震魚的稱號。

國外在捕獲這類特殊魚種時，多半是送交學術研究機構或典藏單位，做為收藏、展示或科普教育用途。在鄰國日本，除有多次近距離目睹活生個體的寶貴經驗與資料外，也多嘗試藉由蓄養與展示，讓人們可以更加瞭解這類奇特的生物，所以除了在產地，偶見漁家煮湯或烘烤，一般罕有食用紀錄。

不過在臺灣，因為主要捕獲方式多以底拖網或是定置網為主。受限於作業方式，捕獲個體多已死亡或難以活存，加上魚體多具分量，所以除了一部分提供給學術研究外，其餘皆送入市場拍賣，並成為特定通路銷售的食材。常見者如標榜「龜山島活海產」或「專營深海魚」的海產攤或餐廳，就經常以其做為招攬客人的商品，甚至在店門口的冰箱或檯面，展示著那造型奇特的偌大頭部。

地震魚因為棲息與分布深度緣故，質地與一般魚類或體型相近的帶魚大不相同，因此不論是清蒸、燒燴或烘烤，總讓人入口後不免訝異並多顯驚奇。

皇帶魚是目前硬骨魚中體長最長的紀錄保持者，目前最長的樣本可達八公尺。一般漁獲多在三到五公尺間，不過其寬度與重量便已相當驚人，更何況那從頭至尾的長度。多現身於拖網、定置網或偶以延繩釣漁獲中的皇帶魚，捕獲後旋即以混合海水及大量冰塊的環境保鮮，或為方便存放而斬剁成大段，其中頭部多會被優先卸下，而身體中段則會平均分成三到四段，隨後再依據料理或品嚐需要分切。

魚頭的品嚐價值集中於那對比例鮮明的水潤大眼，而身體則以輪切方式，分切為四到六公分的厚片料理，而內臟則在輪切後直接由肚洞處挖除。帶有明顯金屬光澤的體表，具有密布如錐狀的明顯凸起，觸摸明顯硬實，但經加熱蒸煮後卻轉為具有彈性的膠質。肉質因含水量高而明顯柔軟，但烹煮後的魚皮、肌肉與脂肪等，則分別具有截然不同的口感。

早年在臺北安和路、仁愛路口的啤酒屋與海產店，或是分布於寧夏夜市周遭，標榜以專售「龜山島活海產」的小店餐廳，多可見到精心挑選的特殊食材。除了當日中午過後漁船進港，由店家或專人赴漁港挑選或產地直送的魚貨，其餘供應的魚、蝦、蟹、貝等也非日常可見或一般種類組成——甚至連學者專家都難以立馬辨別或叫出名稱，因此曾引起一陣轟動。而在攤位上，諸如胭脂蝦、俗稱無眼鰻或青眠鰻的盲鰻，乃至造型奇特到些許詭異的白魚虎與地震魚等，便是店家多所推薦的嚐鮮首選。

白魚虎是軟骨魚類中的銀鮫，有著類似兔頭或小木偶般的奇特樣貌，而皇帶魚則是光以「地震魚」之名，便讓人感到難以抗拒並想一探究竟的食材，更何況那罕見形態、色澤質地乃至令人臆測的風味口感。深水域的漁獲為對抗明顯水壓，所以在質地間多有明顯水分比例，也讓相關食材多常以生食、清蒸或烘烤料理。其中皇帶魚多切段清蒸，或是烘烤至表面焦香後擠淋滋味酸香的檸檬汁搭配胡椒鹽品嚐。雖然口感特殊，建議嚐鮮，試過就好。

同場加映

市場中同樣被稱為地震魚的，還有長相類似的石川氏粗鰭魚，不過相對於皇帶魚，粗鰭魚的身形稍小且短，顏色與光澤也相對較不醒目顯著，但相同的卻是數量稀少罕見。其實棲息於深水域的種類，為適應特殊的溫度與壓力，所以除了在造型上多呈現相對單一的紅色、黑色或白色外，在質地與組織的組成上，也與淺海物種不同，因此只要有嘗試過，便會對其滑溜軟嫩的品嚐經驗留下深刻印象。

快速檢索

學名	*Regalecus russelii*	**分類**	硬骨魚類	**棲息環境**	中深層海域
中文名	勒氏皇帶魚	**屬性**	海生魚類	**食性**	動物食性
其他名稱	英文稱為Oarfifsh，日文漢字寫作「龍宮之遣」。				
種別特徵	身形側扁但明顯延長，有著比例鮮明的大眼，以及如同頭冠般的游離鰭條。整體為帶有金屬光澤的銀白色，擁有鮮紅色的背鰭與散佈於體側的斑點，體表具錐狀的顆粒突起。				
商品名稱	皇帶魚、地震魚	**作業方式**	底拖網、定置網與延繩撈捕		
可食部位	魚眼與魚身。	**可見區域**	主要出現於臺灣東部，從蘇澳至臺東。		
品嚐推薦	風味並不明顯，但蒸煮後的質地卻相當特殊；以輪切厚片為例，以脊椎骨為中心，具有左右與上下對稱的肉塊，但質地隨部位不同而異，蒸煮後魚皮與骨刺皆可食用。				
主要料理	清蒸、紅燒或烘烤。	**行家叮嚀**	主要為嚐鮮感受，實則風味並不鮮明。		

剝皮魨 搖擺再搖擺

粗糙且韌性十足，有如皮革或砂紙般的皮層，多需於料理前剝除，也因而得此名。其實近似的魚種，也多有此特徵，不過食用價值卻因為體型、數量與風味而差異明顯。鮮度絕佳的現流漁獲，魚肝的風味遠勝潔白肉質，而稍具體型，則能享受生食、乾煎、紅燒與煮湯等的多重美味。

形態逗趣的剝皮魨，不僅是那一如嘟著嘴巴般的可愛表情，還包括那將背鰭與臀鰭以波浪狀持續擺動的逗趣模樣，雖然身形分量不大，也不時出現在水族館中供作欣賞與展示，但在餐桌上搖身一變的他，特殊鮮美的風味卻總教人為之驚艷。

被稱為「魨」的近似種類，多半具有相似的外形樣貌或是生態習性，從體型由小至大的剝皮魨、單棘魨或是翻車魨等都是如此。他們除了是水族館中令人印象深刻的飼養與展示物種，深諳風味的吃主，也總能知曉那隱藏在厚質或粗糙皮層下的爽脆肉質，以及深藏腹中那副肥美濃郁的肝臟。

剝皮魨身形略顯側扁，而得此名稱的主要原因來自其粗糙的皮層，除不具食用價值外，同時還必須在品嚐前先行突破或剝除，方能見到下方在生鮮時晶瑩剔透，經烹煮潔白細嫩的肉質。他們的行動緩慢但靈巧無比，主要動力來自不斷以波浪狀擺動的背鰭與臀鰭；而胸鰭多做為控制方向用途，尾部的瞬間一擺則可快速躲避逃脫並遠離危險，此外，背鰭與臀鰭前緣的硬棘，還多可讓個體在受到攻擊或倍感緊迫時奮力撐起，不論是退卻敵害，或是讓自己固定在礁岩縫隙或洞穴中，都有助於個體安然度過危險，全身而退。

在國外，這類魚多半在網撈或釣獲後會立即放生，而少有相關料理與食用習慣，僅在日本有相關種類的料理與品嚐，以生鮮方式享受晶瑩剔透的爽脆肉質，同時還會充分利用其肝臟做為漬物、吸物或是蘸醬。而臺灣近年的食用風氣，因多受日式飲食影響，所以目前在特定的居酒屋中，也不時可以見到標榜當日現流剝皮魨的生魚片佐魚肝蘸醬，或是將肝臟另行炊蒸後添加酸桔醋、蝦夷蔥與柴魚後，成為口感與風味盡皆出色的餐前小菜。只不過剝皮魨的身形分量小，不如本地俗稱為「白達仔」的「單角革單棘魨（*Aluterus monoceros*）」來得肥美多肉，因此並無專業捕獲，僅見於沿海小釣漁家自行烹煮，或觀光魚市偶有販售。也因此，若想要一嚐其風味之美，往往得自行在港邊或乘小艇在沿岸釣獲，享受垂釣樂趣之餘，也期待能飽餐一頓的美味豐收。

剝皮魨的料理與品嚐方式，決定了魚體該如何打理。勇於嘗試的吃主，多採迅速將魚隻致昏或致死後剝皮取肉；而不好生食的則多宰殺後帶皮料理。正確純熟的宰殺順序處理，首先需將活魚以穿刺、斷頸或浸泡冰水使其快速致死，或者將購回時已死亡的魚隻，剝除包括堅硬牙齒且不具食用價值的吻端，並削去體表各鰭。隨後利用魚鰭基部的缺口，特別是背鰭前緣基部與尾柄部位，將其皮層整面撕下，如此便可見到質地剔透的飽滿肉質。此時多會利用「三枚切」的方式，取下左、右兩側以背肉及尾部為主的肉質，最後才是將頭部由後頸至背鰭前方的缺口處折斷，再取出肝臟並洗淨血汙。而匯聚並濃縮全魚風味精華的肥嫩魚肝，會在鮮度狀況極佳時洗淨並研磨過篩，或是以稀釋後的清酒或料理入屜炊蒸，以待後續料理。亦有將生鮮肝臟直接切成小塊後，擺放於切為薄片的生魚片上，直接享受毫無矯飾的迷人風味。

多出現於沿岸垂釣，且因其貪嘴好食，通常不太需要專業技巧便可釣獲的剝皮魨，向來因為容易搶食與驅趕其他魚隻，而被視作打擾垂釣的外魚種，因此釣獲後不是放生，便是捉弄一番再放回海裡。但對於沿海漁家或職業釣手而言，約莫巴掌大的剝皮魨，倒不失為可好好品嚐的私房美味。不想麻煩的，多會在快速絞殺後，直接置於炭火上烘烤或以熱油烹煎，待全熟後將魚皮撕除，便可享受其中濕潤細緻且鹹香芬芳的肉質。而至於腹中那塊滋味濃郁的魚肝，直接用手細剝，再就口慢嚼，何等舒服痛快。

在日本料理店中，多會將三枚切的剝皮魨，以薄造形式的生魚片來表現那鮮爽脆彈的剔透質地——不但好看，同時也相當好吃。格外是將冰鎮後魚肉薄片捲裹細蔥，再蘸以酸桔醋或調入研磨魚肝的蘸醬，層次豐富的味覺變化，往往令人喜出望外，頗有在秋季品嚐河豚的類似氣氛與風味感受。

剔肉後的魚骨，則可滾煮薑絲清湯或味噌湯，趁熱啜上一口，讓那布滿鼻腔的暖暖鹹香，劃下完美的句點。

同場加映

在國內，被稱為剝皮魚的種類繁多，因此稍有不慎，便往往指鹿為馬，造成種類上的溝通誤差。例如常見的紅目鰱，因為其鱗片緊密附著，所以與其除魚鱗，倒不如將整件帶鱗魚皮直接撕除，因此也有剝皮魚的稱呼。

除此之外，與剝皮魨具有近似親緣與型態特徵，沿岸經常捕獲並被食用的「白達仔」與「黑達仔」（即「單角革單棘魨」及「馬面單棘魨」）等，也都有此特徵，因此在販售時多半會詢問是否需要提供剝皮服務，甚至為方便料理與品嚐，往往還多出售去頭、剝皮及去除內臟的三清魚體。只不過，失去皮層保護的細嫩肉質，以及沒了美味肝臟的空乏魚體，往往讓風味成為失去靈魂的肉體，再難令人期待。

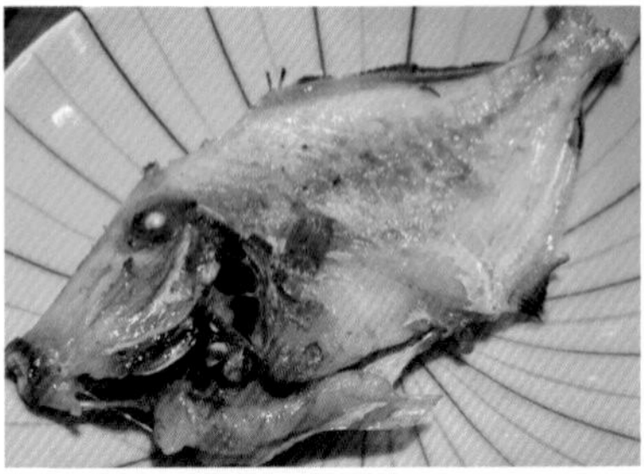

快速檢索

學名	*Monacanthus chinensis* *Stephanolepis cirrhifer*	分類	硬骨魚類	棲息環境	沿岸、礁岩
中文名	中華單棘魨 絲背冠鱗單棘魨	屬性	海生魚類	食性	動物食性
其他名稱	英文通稱為Fan-bellied leatherjacket或Filefish，日文則以「皮剝」表示。				
種別特徵	外觀渾圓但略顯側扁，皮膚質地粗糙如砂紙或皮革，背鰭與臀鰭前緣具明顯粗壯的硬棘，背鰭與臀鰭則多能以波浪狀擺動以利靈活移動。吻小但具利齒，多以甲殼類與軟體動物為食，好奇且貪吃，除肉質可食外，腹中的肝臟被視作全魚最鮮美的精華。				
商品名稱	剝皮仔、狄婆。	作業方式	小釣、網撈或是陷阱以外捕獲		
可食部位	魚肉與肝臟。	可見區域	臺灣四周沿海與離島，礁岩岸較為常見。		
品嚐推薦	小釣漁獲中的外道魚（副產漁獲；bycatch），分量不足、數量有限且少人知曉，故少見於傳統市場，惟多在觀光魚市或標榜在地食材的地區餐廳或鄉土料理中多可見到。				
主要料理	魚肉生鮮或煎烤； 魚肝炊蒸或調製蘸醬。	行家叮嚀	若要品嚐魚肝風味，須格外留意品質與鮮度狀態。		

毒鮋

面惡味美

活生時是令人望之生懼的狠角色，但剝皮去骨剔刺分切後，卻能分別成為生食、汆燙、爆炒與熬燉濃白鮮美湯汁，一魚多吃的絕佳選擇。而入口的細嫩軟滑，往往讓人忘了那如同礁岩般的古怪外型，甚至足以致命的毒性威力。

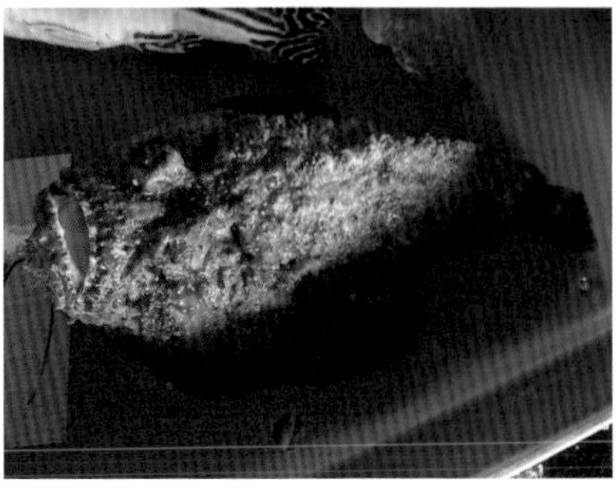

毒鮋又稱「石頭魚」，其貌不揚，所以鮮少人會留意到他們。如果一不小心被其帶有毒性的背鰭硬棘刺傷，嚴重可能導致喪命。偏偏他們長得一如嶙峋怪石般，巧妙的偽裝，讓人幾乎難以察覺他們的存在，就似那隱藏其中的風味。

不論是長相接近的玫瑰毒鮋（*Synanceia verrucosa*）或達摩毒鮋（*Erosa erosa*），靜靜棲息於底層或斜靠於礁岩一旁的他們，多會藉由長時間的靜止，少受閒雜生物的侵擾，並等待獵物主動上門，以迅雷不及掩耳的速度，瞬間撐開大口，然後將其吸入並吞噬。也因此，幾乎全數個體的體表，都有著像各類藤壺、螺貝或藻類質地，巧妙的隱藏在環境中。此外，平坦的腹部與寬闊胸鰭，則能讓他們更加適應於不同環境。僅在移動或受到刺激時，才會撐開胸鰭然後展現對比強烈的橘紅色，藉以宣告甚至誇示他們不是好惹的傢伙。臺語俗諺中用以描述有毒海洋生物的「一魟、二虎、三沙毛」，其中的「虎」，便是對幾乎所有鮋科魚類的泛稱，而這種毒性排名前三的種類，更是不能小覷，因此當在海邊戲水浮潛、選擇生猛海味或是有幸意外釣獲時，可得千萬謹慎留意。

國內較多食用的鮋科魚類，以「石狗公」為代表，其餘還有體型更大的「石虎」。而俗稱「石頭魚」的毒鮋，則是相對罕見，甚至不論就外型、顏色與質地，更教人第一次接觸時難以與「可以食用」產生聯想。

毒鮋的食用在臺灣雖不常見，但卻是以游水海鮮為主的港粵菜式重要取材，加上近年市場多對新奇特殊的種類感到好奇且樂於嘗試，因此不少餐廳在取得這般不常見到的食材時，多會通知預定或有意品嚐的食客，並且依據其不同部位可表現食材風味的特色料理，烹製二、三道量身訂做的菜式，例如炒魚球、炆肚腩或魚骨粥等。

其貌不揚的毒鮋，充滿疙瘩的凹凸體表，以及堅硬銳利的硬棘骨刺，當然不可能直接上桌或斬剁料理。雖然背鰭處具有劇毒，但只要經過加溫破壞便無食用安全疑慮。由於取得食材多為鮮活，所以在料理前，首務之急便是在冰暈或敲昏個體後，以大剪將背部硬棘除去，隨後才是將兩片仿若裙襬般的胸鰭剪除，並於尾柄處補上一刀，放血之餘，也方便從切口處將整件魚皮撕除。去鰭後的毒鮋相對於深褐、赭紅的外皮，魚肉反倒是潔白的色澤，甚至以三枚切處理的清肉，薄切後還有著晶瑩剔透的質地。

包含頭部、魚身與各鰭表面都要撕除或刷洗乾淨，而在打開腹腔後，那外形如囊袋一般且展現明顯肌肉質地的胃袋，別具口感，箇中珍味不容錯過。

日本料理對於這類鮮少出現在主要漁獲或被設定為目標魚種的意外收成，多稱為「外道魚」，雖沒有好惡褒貶的定義，然而一旦進入市場或餐廳之後，便多會搖身一變成為稀少品或珍味。對水產品種類本身具有多樣接受與高度需求的日本，毒鮋不僅可做為生魚片的取材，在包括天麩羅、煮物，乃至火鍋中，也多可見到廣泛利用與多樣表現。甚至在其料理形式、市場認定乃至價格，多與河豚如出一轍。只不過這類長相特殊近乎怪異的種類，在歐美飲食市場則乏人問津。

由於主要分布於溫暖的礁岩環境，因此在中國東南的福建與廣東沿海、臺灣與東南亞諸國，多有分布且不時出現在撈捕或釣獲收成中。雖然其貌不揚，但因為毒鮋以魚蝦為食，加上長時間靜止不動，所以風味特殊，肉質也別具口感。品嚐風氣以講究游水海鮮的港粵酒樓為濫觴，與老鼠斑、東星斑或龍躉相較，絲毫不遑多讓。清肉薄片多以汆燙或粥點為主，而隨著厚度增加，則依序為清蒸、搶鍋爆炒或燒燴；而取材魚頭與魚骨熬煮的濃白湯汁，則是毒鮋風味的最佳呈現。

同場加映

國內多會依據鮋科魚類的身形分量大小、分布海域深度、顏色深淺與長相怪異與否，區分為石狗公、石虎與石頭魚。石狗公顏色多以亮橘至橙紅；石虎則吻端相對較長且體型較大；石頭魚樣貌最不討喜，甚至讓人懷疑食用價值的種類。不過由於上述三類在背鰭硬棘處皆具有程度不一的毒性，因此除需在釣獲後分外留意，也建議在市場採購時，交由專業魚販打理。

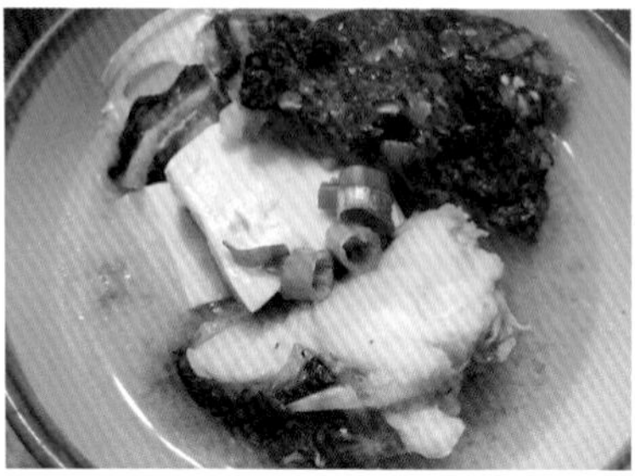

快速檢索

學名	毒鮋屬物種統稱	**分類**	硬骨魚類	**棲息環境**	底層
中文名	石頭魚；虎頭魚（港粵）	**屬性**	海洋魚類	**食性**	肉食
其他名稱	英文稱為Ghost Rockfish；日文漢字為毒鮋。本地則稱為石虎或石頭魚。				
種別特徵	具有比例鮮明的頭部，與斜向兩側但可平貼或包覆的寬闊胸鰭；體表為凹凸明顯且充滿疙瘩的粗糙質地，顏色則為赭紅至深褐，並可隨環境略微改變。背鰭處具劇毒。				
商品名稱	石虎、石頭魚、麒麟魚	**作業方式**	誘釣、陷阱或潛水採捕。		
可食部位	魚肉、魚鰭、魚頭、胃袋。	**可見區域**	東北角、花東與澎湖。		
品嚐推薦	具礁石岩岸的淺海環境，或是具有小釣漁獲、潛水採捕與多樣撈捕作業形式的東北角、北海、花東沿岸與離島澎湖。				
主要料理	汆燙、快炒、粥湯、火鍋。	**行家叮嚀**	具擬態隱匿特性，背鰭硬棘處具劇毒。		

白魚虎

想吃看機運

接近產業的用語習慣中，總會將物種名稱與食物鏈上扮演的角色連結相關，例如「飛烏虎」便是以飛魚為食的鬼頭刀。不過俗稱「白魚虎」的銀鮫，卻不一定以白帶魚為食，反倒是那延長如帶魚般的尾部與優雅泳姿，與散發耀眼金屬光澤的體表，倒與白帶魚有幾分神似。

雖然中文名稱為「銀鮫」，但卻毫無鯊魚的霸氣與威風凜凜，反倒有著比例鮮明且表情特殊的頭部，樣貌十分古怪。以其顏色、形態與一對晶瑩剔透的大眼，不難想見其主要棲息地位於深海區域——使其樣貌與行為，總是分外神秘。

一般人對於軟骨魚類的認知與接觸經驗，大致以外型修長流線的鯊魚，或是明顯縱扁並呈盤狀外觀的魟魚，以及介於兩者之間的鱝魚。而同樣屬於軟骨魚類的銀鮫，或許是因為其多活躍於水深區，僅在繁殖季節時往淺水處移動，加上並非主要漁獲，因此不論就樣貌或名稱相對顯得陌生許多。此外，也因為外形特殊，即便是在餐廳販售，多以「白魚虎」稱之，且多以剁塊或片切的形式，難見全魚。否則一旦見過，多數人應該都因樣貌而在品嚐前裹足不前。

擁有發達且立體的頭部，略顯突出的鼻端、構造特殊的口部與一對寬闊如翼般的胸鰭，與呈現絲狀延長的尾部末端，搭配反射金屬光澤全身銀白，是銀鮫主要的外型特徵。背鰭前緣的硬棘，是用以防衛的絕佳利器，而朝下開口的吻部，則方便他們能從底質中尋覓食物並攝取，活生時泳動姿態極為優雅，毫無一般對於鮫類既有印象中的侵略性與暴戾之氣。

以往多為採捕深水漁獲或以拖網採捕蝦類的副產漁獲（bycatch），所以並無專業捕捉。自然偶爾收成的，僅在漁獲產地周圍販售，或由漁人自行烹調食用。惟近年因消費市場喜好變化，加上部分店家多以如龜山島等特定海域或深海魚類為號召，特意取材傳統市場難見到的漁獲，意外的讓這俗稱白魚虎的銀鮫，成為被關注的料理食材。以往除非體型超過六十公分的漁獲品會被留下販售或供料理食用，其餘皆打入下雜魚的組成中，不過現今則有專門的魚攤收集販售，挑選具良好鮮度的漁獲，供應餐廳使用。常見料理除為清蒸、快炒與煮湯外，切下魚塊或魚柳，裹上粉漿烹炸，也別具風味。而類似的食材，在北歐則多為片取清肉後乾煎或烹炸，並以奶油或酸醬調味後品嚐。

雖然外型與內部構造與一般魚類大致相同，但因為白魚虎的魚頭立體、體表濕滑，加上背鰭前緣具有尖銳硬棘，因此宰殺建議委請魚販代為操作。而一般餐廳由於多有專業處理經驗與技術，所以不論是宰殺、分切或清修，多半可在確保鮮度與正確操作下迅速完成。

一般多先將各鰭由基部下刀以利與魚體分離，隨後再將頭部先切下。緊接著打開腹腔，移除不具食用價值甚至多有沾染異味或汙染鮮度之虞的內臟，並剁除尾部中後段過於細窄的部分。切開後可見質地細緻白皙的肉質，並依據魚體大小與料理方式，採三枚切、剁塊或是片取清肉；後者多需以刀具找出魚皮與肉質間的縫隙，然後以拖拉方式去除魚皮及充分除去骨刺。

歐美料理中偶爾會使用銀鮫，特別在擁有相對豐富資源與漁撈作業的北歐，漁人多會將誘釣、拖網或不慎游入捕蟹陷阱籠具中的銀鮫，在片取除去骨刺並撕除魚皮的清肉後，以酸奶與辣醬稍加醃漬，並蘸裹粉漿後在奶油中煎至表面金黃焦香，或是入油鍋中烹炸至表面酥脆，然後搭配啤酒或餐酒一同品嚐。除可作為正餐菜式，也可為欣賞賽事時的點心零嘴。

而在本地，白魚虎堪稱特殊食材，除可將其切片或切條後搭配芹菜豆醬，以半炒半燴的形式烹調外，也多有斬剁成大塊後，烹煮味噌湯，享受那細軟鮮香的質地風味。深諳食材特性與專擅料理的店家，則會刻意保留銀鮫那對寬闊的胸鰭，經汆燙與細心刷洗後，以類似紅燒魚翅的調味與料理方式加以烹煮，或是以高湯炊蒸或煨煮後，再加入諸如佛跳牆或海鮮羹等料理中，其脆彈口感絲毫不輸名貴魚翅。

同場加映

深水拖網或底曳網中，稍加留心觀察，不難發現許多外型特殊的生物，雖然多數人會直接聯想或脫口詢問「好不好吃？」或「要如何吃？」，但若能以觀察為出發，了解生物在適應不同環境而表現於外觀形態與行為生態上的適應及其特色，未嘗不是有趣深刻的經驗。在臺灣東北部的宜蘭大溪，或是南部的屏東東港，只要在漁船卸貨的時候，都可在漁船旁或拍賣市場中見到特殊漁獲，除詢問種類名稱外，不妨也了解當地的利用方式與料理，若將體驗與品嚐同時結合，往往能讓人留下無比深刻且美好的記憶。

快速檢索

學名	*Chimaera spp.*	分類	軟骨魚類	棲息環境	沿海、深水
中文名	銀鮫	屬性	海生魚類	食性	動物食性
其他名稱	英文稱為Ghost shark或Silver chimaera；日文漢字同中文，皆以「銀鮫」表示。				
種別特徵	軟骨魚綱銀鮫亞目銀鮫屬物種，不論就名稱或分類親緣性，都與俗稱為鯊魚的種類沾親帶故，但身形外觀卻完全不同；除擁有一個極為立體的頭部外，同時胸鰭寬闊、背鰭硬挺，而身體後方一直到尾部末端，則呈現一如白帶魚（hairtail）般的修長與流線外型。				
商品名稱	白魚虎	作業方式	底曳網或拖網，偶見捕捉蟹類籠具之中。		
可食部位	魚肉、魚鰭與軟骨；鮮度極佳者肝臟可食。	可見區域	主要分布於西太平洋，臺灣則在東北部與東部沿岸偶可見到二 三種漁獲		
品嚐推薦	在北部與東北角專售當地漁獲，或標榜龜山島直送海鮮的店家餐廳中，多可見到供應相關漁獲。此外亦有冷凍商品供應全臺，惟多由餐廳料理，罕見於一般傳統市場。				
主要料理	滾煮薑絲清湯或味噌湯，偶以烹炸方式表現。	行家叮嚀	品嚐時須留意品質鮮度與體型大小。		

琵琶鱝　見頭三分補

長相古怪逗趣，因此經常成為水族館或海洋公園展示物種，不過被拖網、刺網或延繩釣獲的收成，卻多是魚攤販售或餐廳烹調的特色取材。區分頭身的魚體，不論就外形或質地都與鯊魚類似，但識貨懂行的吃主，則多對那顆充滿膠質與品嚐樂趣的魚頭總是虎視眈眈……

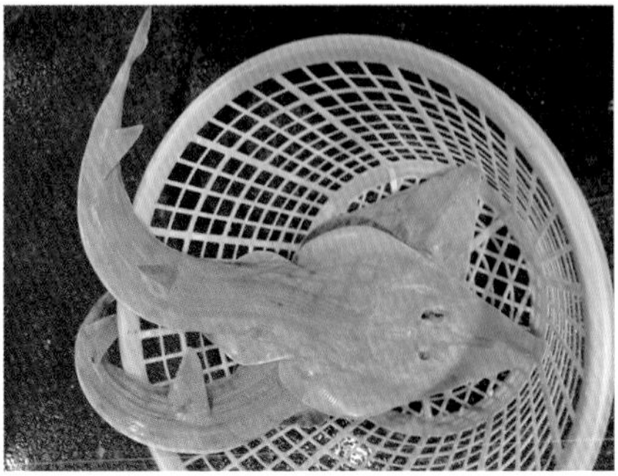

奇特的樣貌，讓琵琶鱝並不常見於傳統市場，即便有，也多是斬剁成塊或以輪切為厚片，盡可能除去那外型對讓消費者產生的卻步遲疑。不過魚販倒是樂意銷售這般價格平實的漁獲，一來可迅速賣出，二來則賺得那滋鮮味美且饒富品嚐樂趣的魚頭。

單就名稱，就知道這魚不一般。特殊之處除了那以形態特徵著稱的名字外，同時也在於那與多數常見食用魚類明顯不同的分類歸屬。雖然與鯊魚及魟魚皆為軟骨魚類，但卻有著截然不同的形態特徵：具有類似鯊魚般的身形，以及相對尖銳的吻端，頭部卻如魟魚般扁平，並在胸鰭前向兩側擴張，外型介於鯊魚與魟魚間。乍看之下除了詭異外，也不免讓人懷疑他們能否食用。

琵琶鱝又稱龍紋鱝，顧名思義，有著類似東方樂器琵琶般的形態。為適應底層環境，同時在細軟沙泥底層表面攝食，所以不但身形變得縱扁，同時吻端亦開口朝下，以利個體利用敏銳的嗅覺與微幅電流，找尋潛藏於底床中的無脊椎動物為食。而為適應底層水域的活動，所以多數種類擁有寬闊的胸鰭與腹鰭，並以優雅姿態在底層緩緩游動。

全世界都有食用鯊魚、魟魚與鱝魚的習慣，雖不致因為具有明顯偏好而成為主要漁獲對象，但卻因為隨地理位置與海域不同，而有意外釣獲或混獲（bycatch），同時將這類肉質豐富且骨頭經烹煮後亦能食用的魚種，歸類為可銷售與食用的對象，而這類風氣，在熱帶與亞熱帶地區尤為明顯。其中東南亞地區不但有多種類別具風味與特色的烹調料理，同時也會以相關種類供作加工，例如製作各類魚漿煉製品的魚漿取材，其實便不乏取材自多種類鯊魚所得。

鮮度良好的琵琶鱝，可做快炒或燒燴等料理，前者切成小塊或厚度適中的魚片後與芹菜大火爆炒，後者則可加入豆醬燉滷。滋味鮮明的調味不但修飾了軟骨魚特有的氣味，同時還賦予誘人鹹香。而在東南亞一帶，則多會利用燒烤、香辣的黑胡椒或沙嗲醬料，並於品嚐前擠上檸檬汁或酸桔汁，讓品嚐時能充分感受多層次的風味。

一般針對鯊魚或魟魚的處理，多半是先削除具有硬棘、尖刺以及尾部毒刺等部位，隨後將腹腔打開，僅保留具有食用或加工價值的胃部、肝臟或卵巢，然後去除其餘內臟後，再將各個魚鰭卸下，最後才將身體依據大小輪切成塊或剁斬成段。不過對於造型特殊的鱝魚，則多是另行將頭部、魚鰭與身體區分，做不同商品販售。魚鰭多可賣得高價，主要原因是可做為魚翅或加工成散翅的取材；身體則供作一般烹調料理，同時也肉量最豐；頭部則因為多骨少肉而乏人問津，所以一般都是魚販自行保留並料理食用。琵琶鱝的價格不高，銷量也相對有限，因此販售這類漁獲，魚販賺得的便是那顆魚頭。鱝魚頭部富於膠質，更何況不論是吻端、魚唇、魚眼以及構成魚頭的軟骨與其中蘊藏的脂肪與膠質，具有魚肉與魚鰭遠遠不及的豐富口感與特殊滋味，因此成為意外收穫的美味。

如果單就琵琶鱝的魚身，大概多以輪切成略帶厚度的魚片或塊狀，前者用以清蒸或燒燴，後者則用於快炒。清蒸時多半會稍稍增加料酒，藉以修飾氣味；在燒燴或大火爆炒時，則多用薑絲、蒜瓣、豆醬爆香，或者起鍋前撒上一把蒜苗。而在東南亞一帶，則會比照近幾年十分流行的魔鬼魚作法與調味，先將魚片在炭火上燒烤或熱鍋中乾煎，然後待表皮略顯焦香酥脆之際，淋上混合多種香料、質地黏稠且口味香辣的沙嗲醬，並在品嚐前擠上檸檬汁或酸桔汁，使其帶有一股酸鮮的清香。

不過琵琶鱝特殊的風味，其實往往在於那看似沒啥肉質的扁平頭部部位。因為屬於軟骨魚，所以質地以動物膠為主要組成的軟骨，會在不同烹調溫度、火候與時間下持續變化，加上魚頭各部位的骨骼發展不同，因此除了有鮮香滋味外，還分別具有軟滑、黏膩、彈脆與緊實等多層次的口感。因此不論是以蔥薑紅燒、豆醬燜煮或是添加麻油、料酒與醬油膏，伴隨大量薑片、蒜瓣與九層塔的三杯料理，都十分對味。

同場加映

近年來受到資源保護與生態環保等觀念愈趨普及，魚翅消費量已大幅降低，但實際上諸如鯊魚、魟魚與鱝魚等軟骨魚類，仍是全球眾多國家經常捕獲與廣泛食用的對象。其中除俗稱「豆腐鯊」的鯨鮫、大白鯊、巨口鯊或是蝠魟等種類受到保護而禁止採捕，以及若不慎誤捕時須立即釋放並通報外，其餘多數軟骨魚類，仍經常以魚片、魚塊，甚至是魚漿煉製品等不同形式，出現於餐廳、團膳乃至家庭餐桌之上。

「保護」並非要求完全不去食用，而是必須讓大夥知道其來源、種類組成、資源現況乃至產業利用的狀況，再自行判斷或依據科學資料決定消費與品嚐與否，方式正確的態度與作為。更何況許多鯊魚、魟魚與鱝魚料理，帶出的是特定族群或區域性的飲食文化，深入了解並嘗試體驗之餘，也可同時落實相關資源的保護與保育，兩全其美，並不衝突。

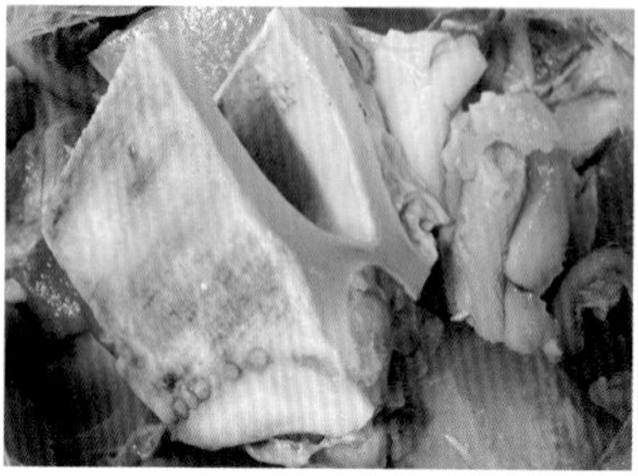 

快速檢索

學名	龍紋鱝科（Rhynchobatidae）下相關種類	分類	軟骨魚類	棲息環境	海洋、底層
中文名	飯匙鯊、魴仔	屬性	海洋魚類	食性	肉食性
其他名稱	英文稱為Guitarfish；日文漢字為坂田鮫。				
種別特徵	頭部縱扁且呈鏟形，身體則為相對立體的紡錘型；吻端尖銳，口部位於腹面開口朝下。雙眼後方具有水孔，胸鰭寬闊；背面顏色多為淺灰至橄欖綠，隨種類不同而有斑點。腹面顏色多呈乳白至鵝黃。				
商品名稱	銼鯊；飯匙鯊。	作業方式	拖網撈捕或誘釣。		
可食部位	魚肉、魚頭與部分臟器。	可見區域	臺灣本島與離島四周沿海；主要以西部及西南沿海為主。		
品嚐推薦	若想品嚐魚頭多建議親赴漁獲產地或是拍賣市場，或由魚販購回後委請其代為處理頭部；部分西南沿海標榜當地特色食材或料理的餐廳偶爾有售。				
主要料理	快炒、燒燴或燉滷。	行家叮嚀	體型愈大，口感風味愈富層次，		

帶鰆

不貪心的好滋味

伴隨中大型延繩漁獲上鉤的他們，名實不符的除在於那對比鮮明的黝黑體色與雪白肉質，以及雖以「油魚」為名，但實則以蠟質的特殊形式儲存能量；雖可在生熟之間，展現如同雪糕般滑潤的紋理，但一旦多吃——腹瀉往往令人難以招架。

帶鰆就是「油魚」，或稱「蛇鯖」，依據組成及其特徵不同，還多有區分為各個種類，但一般市場多以其特殊質地與有趣口感稱之為「油魚」。然而那油脂，並不是「油」而是「蠟」，因此在食用上必須分外謹慎留意，以避免導致令人難以控制的腹瀉窘況。國內食用的帶鰆以俗稱「幼鱗仔」的「鱗網帶鰆（*Lepidocybium flavobrunneum*）」及多稱「黑皮」或「粗鱗仔」的「薔薇帶鰆」（*Ruvetus pretiosus*）」為主。有趣的是他們雖然有著黝黑外觀，但肉質切面卻是雪白，而且緊實細緻，特別是凍結過後，往往有著一如雪糕或霜淇淋般的特殊質地甚至口感。

帶鰆並非主要漁獲，但在漁獲資源有限的早期，因其魚體偌大、骨刺鮮明且質地甚佳，所以成為生魚片料理的主要食材。不過，由於其多由近海與遠洋的延繩釣漁船所捕獲，所以進入市場時的狀態，多為低溫凍結，同時為了方便保鮮、儲運，多已去除頭尾、各鰭與內臟。

在以諸如鮪魚、旗魚或鬼頭刀等大型漁獲為主的延繩釣作業中，不時會有像是多種類的鯊魚或油魚混獲，但因為體型相近或亦可作為條凍、分切或後續加工使用，因此也成為漁船返港後，卸貨時經常可見的種類組成。雖然油魚是早期普遍常見且多有交易的種類，然近年卻因為許多人食用後，產生腹痛不適與難以控制的嚴重腹瀉，加上有不肖商人以輪切或經清修後去除可供辨識種類的皮層特徵並製作魚塊或加工品，魚目混珠的權充旗魚、土魠甚至高價鱈魚販售等，因而被要求必須正確清楚標示，並加註警語。在部分國家或地區，甚至還將油魚列做「不建議食用」甚至「毒害性物質」而禁止交易。不過因為國內的漁船多有捕獲，並延續早期出口、加工與鮮食的習慣，也因此在今日仍可見到許多取用油魚相關食材及料理。例如日式居酒屋的「味噌烤魚（misoyaki）」，便常見使用輪切的油魚魚片。而早先發展並延續迄今的和漢料理中，標準的生魚片組成，紅色的鮪魚、粉紅色的旗魚與白色的油魚實為常規搭配。

油魚多由近海或遠洋漁船以延繩釣捕獲，為確保鮮度並方便儲運，多與其他漁獲一般，會預先去除頭、尾與各鰭，以節約空間方便堆疊。此外，會影響到鮮度及風味的內臟，也多在釣獲後一併去除。所以多數在卸貨港口見到的油魚，多半是被低溫凍結成硬邦邦的樣子，可能幾尾一同以釣線串起，體型稍大者單尾處理，體型較小者，則裝於尼龍或布袋之中。也因為低溫凍結，一接觸潮濕的常溫環境，便立即會在表面形成一層雪白的薄霜，漁人們往往利用這特性，在薄霜上做標記、編號或是寫上重量，有利後續的競標拍賣或裝櫃出口識別。

質地堅硬的凍結油魚，多會直接上鋸檯進行分切。而一般生魚片所使用者，則多是清修處理後的肉塊，因為避開骨刺同時不具皮層，所以自然雪白透亮，與原本油魚黝黑的外型大不相同。

油魚一般多以冷凍販售，因此不論是鮮食或熟食，都是在料理或切製前，才會解凍退冰。甚至以生魚片形式呈現的油魚，還會選擇在凍結狀況下切成厚度適中的厚片狀，以突顯那柔滑綿密一如雪糕般的特殊口感——直到入口咀嚼，都還能感受滑膩的質地。

雖然在美國與日本，油魚已被視為具有食源性毒素的魚種，並且被禁止公開販售。但在國內，不論是居酒屋或熱炒店，或是發展已有多年但仍保持傳統風格的老牌日式或和漢料理餐廳，還是可見常態性的油魚生魚片供應與銷售。

除了生魚片形式，部分吃到飽的西式自助餐、自助燒烤或火鍋店中，也會使用油魚的肉片或肉塊，油煎、烘烤、烹炸或燙煮。不過為避免過量食用後的嚴重腹瀉，建議以巴掌大的輪切魚片為例，最多一餐食用四分之一大小便已達上限。

同場加映

捕獲的油魚若為成熟雌性，腹中往往具有一副肥滿的卵巢，這些卵巢原先多以烹煮、炊蒸或煎炸料理，但在屏東東港，則會仿效烏魚子的製作方式，將取材自卵巢的部分分別經過醃漬、重壓、日曬與風乾，形成一如烏魚卵放大版的特殊製品。一副「油魚子」往往可重達數斤，但其卻因為油魚卵粒粒徑較烏魚小上許多，所以口感異常綿密，同時也因為特殊的質地與成分組成，而讓油魚子的鹹腥風味明顯。東港當地除搭配蒜苗或蘿蔔品嚐，也會以切片的水梨或蘋果搭配，讓口感更顯清爽。而這特殊的風味，也讓油魚子、黑鮪及櫻花蝦，成為眾所周知的「東港三寶」。

帶鰆

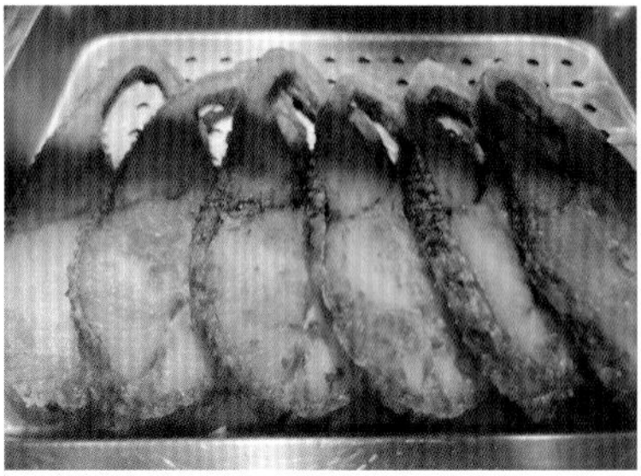

快速檢索

學名	蛇鯖科（Gempylidae）	分類	硬骨魚類	棲息環境	近海、遠洋
中文名	帶鰆	屬性	海生魚類	食性	動物食性
其他名稱	英文通稱為Snake mackerels或Escolar。				
種別特徵	全身黝黑但卻肉質白皙，且因遠洋作業為方便儲運保鮮，因此卸貨時頭尾及內臟多已除去，故僅留下的體表鱗片成為用以區分種類的重要依據。悉數種類具尖銳吻端與滿口利齒，眼睛比例偏大，個性凶猛。惟型態相近偶被魚目混珠而以鱈魚之名販售。				
商品名稱	油魚	作業方式	延繩釣，多為近海或遠洋漁獲。		
可食部位	魚肉與卵巢（多加工）	可見區域	南方澳、臺東新港與屏東東港。		
品嚐推薦	多在卸販近海或遠洋漁獲的主要港口可見，多以低溫冷凍為主，偶有完整鮮魚；大型批售市場或專販生魚片的分切供應商偶爾可見。				
主要料理	魚肉生鮮或煎烤；魚卵烘烤。	行家叮嚀	質地富含蠟質。因此僅能淺嘗輒止。		

月魚

不見首也不見尾

多為遠洋漁獲，而且是意外收成的月魚，因為身形龐大，而被依大小與部位切割成不同塊狀儲運或銷售；在漁船或市場如此，在餐桌或餐盤中亦然。因為顏色、質地與風味口感介於鮪魚與旗魚之間，所以經常被權充兩者其一販售，但對於生物學家而言，這是少數具有恆溫特性的神奇魚類，而其可愛逗趣的模樣更是特殊。

或許因為身形分量緣故，又或因著主要分布環境以各大洋為主，並伴隨鮪魚或旗魚撈捕與誘釣作業所獲，但卻因並非主要漁獲對象，所以除多分切成塊後儲運銷售，甚至在販售時也多以其他種類名稱混淆冒充，讓人無緣真正認識。

月魚不僅顏色鮮艷，同時體態特殊，特別是那小嘴、大眼、在灰白或藍綠體側散布全身彷若寶石般的斑點，以及一對寬闊硬挺的延長胸鰭，與色澤艷紅醒目的各鰭，乍看之下，恍若經過精心設計、迎合時尚潮流，甚至是帶些滑稽逗趣的卡通描繪一般。可惜的是，這些在近海與遠洋漁業中被意外或順道捕獲的大型魚種，多半因為數量有限且並非為主要交易商品，因而成為船員獨享的風味，或者被局部切割低溫凍藏，並以顏色或質地近似的魚種名稱加以銷售。

月魚體型側扁，具有寬闊的體幅，以及一對延長如鐮刀般的橘紅胸鰭；周邊肌肉占全重近五分之一重量的有力胸鰭，是月魚可以長距離與快速移動的主要關鍵。近年更因為對其特殊體溫調控機制與模式的深入研究與創新發現，而將其定義為極少數具有恆定體溫的魚類。

月魚分布範圍廣泛，加上多伴隨諸如鮪魚、劍旗魚或旗魚等大型漁獲收成與卸貨，因此雖無專門漁業，漁獲數量也遠遠不及經濟作業魚種，但其豐沛的肉質，與隨不同部位的質地與風味差異，讓形態特殊且色彩豔麗的月魚，在全球皆有被食用。

在歐美，月魚經分切與修整後，將肉塊或肉片以烘烤、乾煎、燉煮或是烹炸料理，其中亦不乏分別仿效鮭魚或鮪魚的製作方式，以煙燻或是浸漬，藉以提升風味口感與品嚐價值。而在國內，雖多為近海或遠洋漁船作業的副產漁獲，卻非為市場主要或常態交易商品，故多做為水產加工中的魚片，或僅由攤商經外表皮層與骨刺除去後，修整為一如切製生魚片所使用的肉磚一般，然後供作自助餐或團膳中使用。經加熱後，不論就質地與顏色，都類似旗魚或鮪魚，因此常以此名稱替代並以平價出售。

一般市場罕見販售，就更別說月魚的體型，至少有人孔蓋般大小。因此若要見到廬山真面目，得到具有鮪魚、旗魚或鯊魚等近岸或遠洋大型漁獲卸貨及拍賣的產地，或許才有機會見到本尊。但若其來源為近岸以拖網或圍網捕獲，或許還可見到顏色鮮艷的新鮮魚體，可是如果是遠洋漁船，為了方便儲運並有效利用空間，故多在收成後便將月魚那橘紅色的各鰭削除、將頭部與內臟清除，甚者直接分切為背部、腹部與尾部等具有食用價值的部位切塊，難以一睹完整樣貌。

月魚不僅造型特殊，其在皮層與肉質的分布上也有別於多數魚種。一是提供外洋與深水環境活動能力的有力胸鰭與尾部，皆讓相關部位因為需大量耗氧與能量傳送，所以肉質顏色及其質地有別於其他部位；另一則是為能有效確保體溫，所以魚體的皮層與肉質之間，多有特殊的構造。而這些都可在市場中分切打理時，不妨留心觀察看看。

由於遠洋漁獲多為低溫凍結以利儲運與保鮮，所以出現在市場中者，多是方整肉塊，僅需解凍，除去魚皮與骨刺，便可打理出滿是肉質的部位。可直接用做蒸煮、乾煎、烘烤或烹炸。其幾無骨刺的魚片或魚排，也是自助餐、團膳或營養午餐不時可見的菜色。在歐美，飲食習慣與風氣亦以此形式為主。

在國內，少數在近岸被捕獲的新鮮月魚，為求方便銷售也多直接宰殺後，會以魚塊或魚片方式出售，惟在胸鰭部位、背部、腹部與尾部的肉質顏色與風味不同，所以亦有消費偏好及價格上的差異。一般多以脂肪分布較多的腹肉為主，其次則是顏色粉紅的部位，而尾部則因為質地硬實且風味相對明顯，所以多以燉滷形式烹調。但幾乎所有的商品或料理名稱皆以「紅皮刀」表示，而少有真正稱為月魚的銷售狀況。

同場加映

遠洋漁業雖多以各類鮪魚、旗魚或鯊魚為主，但從卸貨漁獲中，仍可依據其形質特徵，發現諸如體型側扁的月魚或翻車魨、體型流線呈紡錘形，惟顏色相對暗沉或黝黑的油魚，或是各類具有修長俊俏外型的鬼頭刀或鰆魚等。除此之外，也偶爾可見因為延繩釣獲後，不慎被鯊魚或海豚啃咬，而經適度切割後僅具部分外觀的漁獲，雖然副產漁獲價格不高，甚至外表缺損不具商品價值，但卻多是嘉惠漁人及其家屬的福利。

快速檢索

學名	*Lampris guttatus*	**分類**	硬骨魚類	**棲息環境**	深水、外洋
中文名	斑點月魚	**屬性**	海生魚類	**食性**	動物食性
其他名稱	英文稱為Opah, San Pedrofish或Moonfish，日文漢字為赤翻車魨。				
種別特徵	體型側扁，各鰭紅色；胸鰭延長如鐮刀，而尾鰭則為月形。體色由銀灰、青綠至藍紫，體側並具圓形斑點。口小眼大，幼魚階段具細齒，長成後則口中無齒。主要活動於水深一百～四百公尺，喜歡以魷魚或章魚等頭足類為食。為目前已知罕見之恆溫魚種。				
商品名稱	月魚、紅月魚或紅皮刀。	**作業方式**	深水拖網或圍網。		
可食部位	胸部、背部、腹部與尾部肉質。	**可見區域**	臺灣四周沿海偶可捕獲，但多為遠洋鮪釣或大型圍網漁船所獲。		
品嚐推薦	不同部位，有質地與風味上之差異，可考慮調理與口味偏好選擇。一般多以乾煎或烹炸方式料理。南方澳或屏東東港偶可見到。				
主要料理	煎炸、燜燉或烘烤。	**行家叮嚀**	低溫凍結漁獲應於退冰後盡速調理食用。		

石狗公　不以貌取魚

活生時是讓人望之生懼的有毒魚類，但隨體型大小打理烹調，則分別在酥炸、熱炒、紅燒與煮湯中，展現不同的風味與口感。隨分布環境由淺入深，體色多有從茶褐到橘紅的有趣轉變，而質地也多從綿軟轉為脆彈。大體型的石狗公並不多見，但卻適於一魚多吃，特別是彈性十足的魚胃更是珍味逸品，值得快手搶先品嚐。

這類魚種隨種類、顏色乃至體型大小，多有不同稱呼，小的稱「石狗公」，大的則叫「石虎」，而醜的則被稱為「毒鮋」；雖不是主要的釣遊與品嚐對象，但只要了解特性，隨質地不同搭配烹調技法展現風味，都是別具風味與品嚐樂趣的美妙經驗。

鮋科種類組成眾多，但在沿近海的漁獲中，多以其種類、樣貌、體色與體型，由大而小區分為石虎、石狗與石狗公仔等三大類，然後再加上醜到不行，同時毒性也為所有種類中最高的毒鮋。有趣的是，那最醜的達摩毒鮋或玫瑰毒鮋，反倒以其相對稀少數量與特殊風味，而成為其中最為昂貴的商品。而體型約莫十五至二十公分，且多伴隨馬頭魚或赤鯮等漁獲一併釣獲，相對為數較多的石狗公仔，反倒是稀鬆平常的魚種。

這類鮋科魚種多半具有紡錘型的體型。肉食性的他們，頭部比例鮮明，除有一個相對寬闊的口裂外，同時隨分布深度增加，眼睛的比例也隨之放大。他們在環境中多半以顏色與質地相近的外觀隱匿其中，並以守株待兔的方式靜候獵物靠近而加以吞噬。此外幾乎所有種類的背鰭皆具毒性[9]，甚至不乏足以導致休克甚至致命的劇毒種類，因此在處理活生或生鮮漁獲時需格外留意，以免為其所傷。

鮋科在全球各地都有不同種類的廣泛分布，而食用方式則依據種類、漁獲大小、當地飲食文化與口味偏好不同而具明顯差異。例如北美與北歐多以乾煎、烘烤或烹炸為主，只不過頭部比例鮮明的鮋科魚種，在取肉率相對受限的前提下，並非是主要食用與偏好種類。而在南歐，則會在區分清肉與骨刺後，以滾煮方式呈現，並烹製為湯點或燉菜品嚐。相形之下，亞洲的品嚐方式則多充滿豐富變化。例如在韓國多會將之用於燒烤、烹炸或滾煮火鍋；日本除了製作一夜干或經醃漬後燒烤外，還有常見如佃煮與甘露煮等醬煮、燉滷或是烹炸等方式。而國內則多依口味偏好而有薑絲清湯等突顯原味的料理，亦有充分表現肉質彈性的快炒與三杯。

悉數種類除了分別於背鰭、腹鰭與臀鰭前緣具有堅硬且末端銳利的棘刺，同時還因為背鰭處多具有伴隨刺入傷口所釋放的毒性，輕則因發炎反應造成紅熱腫痛，嚴重者則可能導致休克甚至送命，因此不論是垂釣、宰殺或烹調時，都必須格外謹慎。

市場販售漁獲，多可在購買後委請店家打理，除宰殺清理外，也須提醒將各鰭硬棘修整去除，並依料理需求而斬剁為適當大小的塊狀或厚度適中的輪切厚片。而自行釣獲者，則建議先以大量投入冰塊的海水冰暈或冰死個體進行人道處理，隨後先以剪刀剪除可能形成穿刺傷害的硬棘，再行去除魚鰓與內臟等部位。至於其貌不揚的毒鮋，由於必須經過汆燙、剝皮與分切等操作，加上其活生狀態下所具有的毒性遠遠超過多數種類，因此多建議在餐廳食用，由專業的師傅進行處理，以免導致難以控制的危害風險。

9 鮋科下有高達百分之九十五的種類，在背鰭硬棘處具有毒腺或毒性黏膜細胞。

粵式料理專擅海鮮，特別是以各類鮮活海味烹調著稱，因此不論是拆件後的炒魚球，或是直接油泡、清蒸或煲湯，風味皆堪稱一絕。在臺灣，由於取得現流海味更加方便，從海鮮熱炒到專門料理海中珍味的餐廳，這些鮋科魚類多隨種類質地與體型分量不同，而有各自精采的演繹。例如約莫巴掌大的石狗公仔，多半是斬剁成兩段後滾煮薑絲清湯或味噌湯，或是剁塊後裹粉酥炸，隨後再與經過麻油煸香的薑片與蒜瓣拌炒，並加入醬油膏與米酒，起鍋後移入燒到紅熱的厚質鐵鍋或鋁鍋中，然後隨興放上一把九層塔嫩葉，滋味鮮香有餘，同時還嚐得到那擁有如焦脆糖衣包裹的甘甜肉質。

而在演化與分類上與石斑具有相對親緣的鮋科魚類，同時也擁有一如石斑那鮮甜爽脆的肉質，因此對於稍具體型分量的石虎，不妨也可打理後做為魚球爆炒或片肉清蒸，或者趁鮮剔下那質地晶瑩剔透的魚片，做魚生粥或港市打邊鍋中，稍稍焯水或氽燙，享受彈脆鮮爽的誘人美味。

同場加映

鮋科魚種中，不乏一些因為風味特殊而具有高知名度與人氣的物種，例如近年在國內高檔日式餐廳、烹割或壽司店中，標榜產地直送的「喜之次」，便是分布在深水的溫帶海域，因質地間分布豐富脂肪而兼具細緻口感與鮮甜風味的鮋科魚種，中文名稱為「大翅鮋（*Sebastolobus macrochir*）」。常見料理除有生魚片、壽司與燒烤外，燉滷也是能充分展現食材。除此之外，在中國與韓國都有養殖的平鮋，雖然身形不大，但也因為風味鮮美，不論是清蒸、煮湯或燒燴，都備受市場好評。而在香港，特別是以各類游水海鮮見長的粵菜，更是以烹調俗稱「老虎魚」的毒鮋，視作兼具打理食材與烹調技法的純熟表現，那奶白色的濃稠湯汁，伴隨質地細軟鮮滑的芬芳肉質，也多讓人嚐過後再難忘懷。

快速檢索

<table>
<tr><td>學名</td><td>Scorpaenidae</td><td>分類</td><td>硬骨魚類</td><td>棲息環境</td><td>礁岩、沿海</td></tr>
<tr><td>中文名</td><td>鮋科</td><td>屬性</td><td>海水魚類</td><td>食性</td><td>動物食性</td></tr>
<tr><td>其他名稱</td><td colspan="5">英文通稱為Rockfish或Scorpionfish。日文將石狗公仔以漢字「沖笠子」、石虎則以「鬼笠子」表示，毒鮋則為「鬼達摩虎魚」。</td></tr>
<tr><td>種別特徵</td><td colspan="5">體呈紡錘型，腹部平坦，背部多高聳，且頭部占相對鮮明比例；眼睛靠近頭頂處，具寬闊的口裂，背鰭、腹鰭與臀鰭前緣皆具堅硬銳利的棘刺，且背鰭多具毒性，毒性高低則隨體型大小與種類不同而定。胸鰭寬闊，多伏貼於礁岩或底床，以色彩與形態擬態。</td></tr>
<tr><td>商品名稱</td><td>隨種類不同而有石狗公仔、石狗、石虎與石頭魚等。</td><td>作業方式</td><td colspan="3">體色橘紅的石狗公仔多伴隨馬頭魚或赤鯮一同釣獲，其餘則多有誘釣或獵捕。</td></tr>
<tr><td>可食部位</td><td>魚肉、胸鰭與胃袋。</td><td>可見區域</td><td colspan="3">臺灣四周沿海或具礁岩地形之離島。</td></tr>
<tr><td>品嚐推薦</td><td colspan="5">料理方式隨種類、體型大小及其質地而定。體型由小至大可分別供作煮湯、乾煎或三杯以及清蒸與紅燒等料理，亦有先行製作為一夜干後再以烘烤方式品嚐。</td></tr>
<tr><td>主要料理</td><td>煮湯、清蒸或三杯。</td><td>行家叮嚀</td><td colspan="3">接觸或宰殺時留意勿被棘刺與毒性所傷。</td></tr>
</table>

帆鰭魚　要多沒有

中文名稱精準的傳遞了相關種類擁有高聳背鰭的特徵，而在市場上或攤頭前，卻習慣將他們稱為「打鐵婆」，是一款外表誇張、表情逗趣並具有剛好分量的海產漁獲。側扁的身形搭配簡單清晰的骨刺，讓人品嚐起來分外方便且放心，更何況還具別於一般海魚的特殊形態，讓人在享用時多了欣賞與談論的樂趣。

雖然見到時總叫不出名字，但以其比例誇張且高聳的背鰭，以及略顯滑稽甚至古怪的面部表情，便能深刻記住那源自於寬闊背鰭的名稱。帆鰭魚總是零星出現於拖網或陷阱籠具的漁獲混獲中，鮮度不差，簡單調味的料理，仍是值得欣賞的迷人滋味。

在臺灣周圍沿海，至少有三種屬於五棘鯛科（Pentacerotidae）的種類，有趣的是幾乎一屬一種，突顯了他們在演化及分類上的特殊性。不過這或許對於研究學者而言，是極具價值的對象，但在漁獲組成乃至商品賣相，卻多因為並非主要撈捕對象，而使消費市場多顯陌生，因此這類魚種，大多僅出現在產地周圍的小型市場，或是漁家在捕獲後，攜回自用。然而特殊的外型，讓強調使用當地食材，或供應罕見選材的海產店或餐廳，做為攬客的特殊料理。近似種類具有寬闊高聳的背部與背鰭，吻端向前突出，並在背鰭處有著明顯粗壯且末端尖銳的硬棘。

多隨誘釣、拖網或陷阱籠具混獲的帆鰭魚並非主要食用魚種，原因除因體型有限、漁獲完全仰賴野生，市場亦不熟悉其料理方式，因此除了產地的周圍偶有販售，或標榜產地直送與特色料理的餐廳之外，一般少見於市場。帆鰭魚被視作外道魚的近似種類，一般打理好後依據體型大小決定料理方式，掌心大的多酥炸後供應團膳或自助餐，達近半斤者則可乾煎或半煎煮，約莫一斤上下的漁獲已多是體型極限，則依鮮度選擇清蒸或剁塊後滾煮鮮魚湯。雖然外型並非市場熟悉，但其鮮甜風味與軟硬適中的口感，算是不錯的白肉魚種。不過相對側扁的身形，以及占去相當比例的頭部，也讓可食部位有限。

偶見於誘釣中深水層的漁獲物，也不時現身中層拖網或蝦拖網的混獲收成。俗稱「打鐵婆」的帆鰭魚，因為特殊外型、相對陌生的樣貌與名稱，僅多見於漁家自用或漁獲產地周邊消費。由於分量有限，所以打理或後續烹調時，仍多會刻意保留頭部。至於不具食用價值的背鰭，則多剪去剁除；處理時多將刀尖由鰓裂處繞進去，然後抵著相對硬實的鰓弓稍微扭轉一下，便可順勢將腹腔中的臟器隨魚鰓與消化道一併除去。或有從下部腹稍稍開個數公分的刀口，也可以手指勾出內臟，稍事沖洗，便能以鹽分略為醃漬後料理。

體型多介於掌心到巴掌大的帆鰭魚，可食分量有限。嚐鮮以小家庭或二到四人的聚餐，若想來份清蒸魚、乾煎油燜或是鮮魚湯，風味淡雅的帆鰭魚倒是不錯的選擇。此外，雖然一般餐廳不多有供應，但價格上遠遠低於質地類似或市場多有知曉的赤鯮、馬頭或石斑等種類，算是經濟實惠。特別是在東北角、花東或是屏東與澎湖，如造訪當地，又若剛好見到的帆鰭魚，不妨點來嚐嚐。

一般依據魚體大小與魚身厚薄，小的乾煎或酥炸，中、大者則清蒸、醬煮或是斬剁成塊後滾煮薑絲清湯或味噌豆腐湯。其中清蒸可依據喜好以單純的蔥薑絲，或是搭配諸如豆豉、破布子、鳳梨豆醬或蔭瓜等漬物，提升風味之餘，蒸煮後融合鮮味的湯汁，更是佐餐拌飯的美味，或以其煎蛋，也能為品嚐再添一味，並劃下美味句點。

同場加映

與帆鰭魚具類似外型者，還包括了石鱸科髭鯛屬（*Hapalogenys spp.*）中的相關種類；兩者名稱多有互用外，同時在取得方式、市場價格與風味口感上，也多因相似而不會另行區分。更何況近似種類多在相同區域、以相同作業方式也多能捕獲，只是皆屬價值不高的混獲對象，市場相對陌生。不過正因為體型不大，但卻已然捕獲而再難回到海洋之中，因此只要確認無汙染毒害，同時鮮度尚可，適味適性搭配料理得法，仍是值得愛惜並可妥善利用的食材。更何況因為多在產地周邊捕獲、販售與料理，只要稍加詢問，當地的漁戶、攤販乃至餐廳，多半會推薦具有當地特色、老少咸宜風味或私房推薦的料理調味；饒富地方特色之餘，如果幸運，還可聽到在地觀點的說明描述，享受風味之餘，更可獲得寶貴資訊。

快速檢索

<table>
<tr><td>學名</td><td>五棘鯛科（Pentacerotidae）下相關物種</td><td>分類</td><td>硬骨魚類</td><td>棲息環境</td><td>中深層海域</td></tr>
<tr><td>中文名</td><td>帆鰭魚</td><td>屬性</td><td>海生魚類</td><td>食性</td><td>動物食性</td></tr>
<tr><td>其他名稱</td><td colspan="5">英文稱為Boarfish，日文以漢字「鏡鯛」表示，中文則稱為天狗鯛、鏡鯛或大帆。</td></tr>
<tr><td>種別特徵</td><td colspan="5">吻端向前突出，比例鮮明的眼睛則偏向上位，並具有角度明顯的額端線條，因此表情逗趣滑稽。寬闊的背鰭，以及背鰭前緣數根粗壯且堅挺的硬棘為本科特徵，體色與體側紋路則隨種類而異。</td></tr>
<tr><td>商品名稱</td><td>打鐵婆、天狗、大帆</td><td>作業方式</td><td colspan="3">底拖網與休閒垂釣。</td></tr>
<tr><td>可食部位</td><td>魚肉</td><td>可見區域</td><td colspan="3">以北部、南部與離島為主；西部較少。</td></tr>
<tr><td>品嚐推薦</td><td colspan="5">依據體型分量而定，掌心大小適合酥炸，隨體型增長則依序適合乾煎、清蒸與煮湯；建議在產地周遭品嚐，既能確保鮮度免除儲運麻煩，也多能品嚐饒富特色的在地風味。</td></tr>
<tr><td>主要料理</td><td>清蒸、乾煎、酥炸或煮湯。</td><td>行家叮嚀</td><td colspan="3">鱗片細小不易打除，打理時留意背鰭與臀鰭處之尖銳硬棘。</td></tr>
</table>

正中美味的鯛

體側因具有一如靶心般的圓斑，所以稱為的鯛。但人們對他更多的認識，往往來自掐頭去尾、撕皮去骨的清肉或魚排，而以其淡雅風味、細嫩質地與清爽白肉，自是因為符合歐美烹調技法與口味偏好，而成為聲名大噪的John Dory。國內則散見於底拖網或深水延繩釣的漁獲中，等待識貨懂行的吃主挑選品嚐。

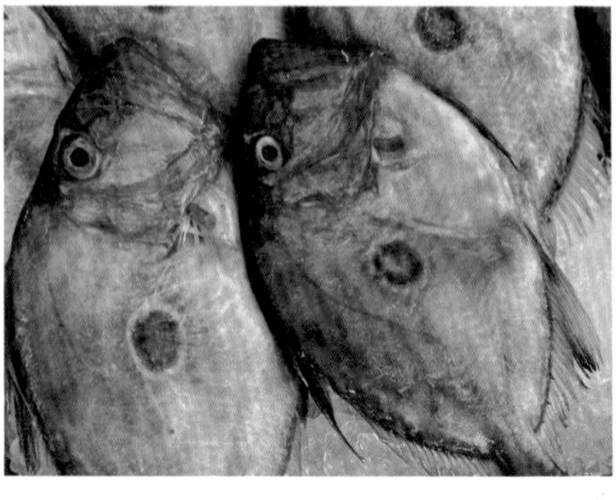

中文名稱包括的鯛或雨印鯛，其中不乏幾個種類，英文中則以John Dory稱之（多翻譯為魴魚）。雖然在中西飲食中多驚艷於他們的纖細質地、軟硬適中的紋理與鮮美風味，然而卻因為長相略顯古怪甚至猙獰，而多以去除骨刺的清肉登場，還包括那幾乎叫不出來的名稱。

「的鯛」一名中「的」，指的是「目的」或是「標的」，精準的描述了常見種類日本的鯛（*Zeus faber*）的外型特徵——也就是體側具有一個如靶心般的醒目斑紋。雖然並非所有的鯛科的物種皆有此特徵，但外型模樣大致類似，都有著比例鮮明的頭部、寬闊口裂，以及相對明顯高聳的背部、如絲線般延長的背鰭與臀鰭鰭條，以及明顯側扁的身形。所有種類體表皆為銀灰色，觸摸時感覺不到鱗片，但卻必須留意在背鰭基部兩側的突起棘刺。分布範圍極廣，因此不論在亞洲或歐洲，皆有相關漁獲與食用風氣，只不過由於樣貌並不討喜，加上天然漁獲難有穩定品質與規格，所以一般多以經過分切或除去魚皮及骨刺的清肉方式銷往市場，但卻也因此而讓部分商人以在形態或質地上類似的白肉魚甚至淡水養殖鯰魚，魚目混珠、冒名頂替。

魴魚（John Dory）常見於歐美料理中，同時被譽為白肉魚中的矜貴食材。主要原因除了該魚種完全來自撈捕或釣獲外，即便是體重達二、三公斤的魚體，扣除難以食用的頭尾、骨刺、魚皮與內臟後，也僅能取得左右兩片數百公克的清肉，自然相對珍貴。在國外，取材海魴的料理多以油煎、浸煮、裹粉酥炸或烘烤展現食材風味，然後再澆淋或蘸以醬料品嚐。若將場景轉至亞洲，雖然相關種類非屬主要食用種類，但在日本只要能取得新鮮的漁獲，仍會優先切製生魚片享用，不然則是去除頭部後製成一夜干品嚐。

在國內，的鯛多出現於蝦拖網混獲，或休閒垂釣的漁獲中。小型漁獲受限分量不具食用價值而淪為下雜魚，僅體重達半斤以上者，常以全魚清蒸料理，享受細軟質地與鮮香風味。

當造型特殊的他們被展示在冰櫃櫥檯上，反倒以其古怪逗趣的外表與明顯延長的浮誇鰭條，成為招攬顧客的招牌。類似的狀況偶見於觀光魚市，消費者也確實為其所吸引，並對風味口感不免好奇，而店家所提供的貼心宰殺與代客烹調服務，便能將整尾的鯛不消久候，變成為一道道鮮美料理。處理時多直接剁除頭部，然後打開腹腔除去內臟；頭尾與中骨可以滾煮薑絲清湯或味噌湯，或取中段清蒸、乾煎或燒燴；而若擔心骨刺哽喉風險，則可委請店家以三枚切的方式片取清肉。若自行購回處理，則須留意背鰭基部兩側的尖銳棘刺，稍稍避開便可順利取下魚身肉質，不論以中西形式調味，屬於白肉魚的本種皆足稱氣味清香可口，質地細緻軟滑。

西式料理中，除了將整塊除去魚皮與骨刺的清肉，以奶油在小火上乾煎，或者沾裹薄粉或麵漿後入油鍋中酥炸；也有以炭火烘烤，但卻容易因為逼出過多水分，而讓細軟質地不再，口感略顯乾柴。日式料理中取鮮度極佳的漁獲，以三枚切方式取下兩側肉質，背肉豐厚，腹肉爽脆，搭配以完整頭尾與中骨在大圓盤中，以會席料理中名為「姿造」的料理形式上桌，不僅美味，還多顯氣派十足；生魚片可為厚切或薄片，蘸料則以芥末醬油或酸柚醬油皆可。

標榜野生海釣或深海漁獲的小店餐廳，對於這類體水分含量相對較高的食材，品嚐方式則多以清蒸或酥炸為主，前者可依據喜好搭配豆豉、蔭瓜或破布子調味，後者則將片取下的清肉裹粉置入高溫熱油炸至表面酥脆，蘸以美乃滋或五味醬，芬芳可口。

同場加映

超級市場的冷凍商品中，多有標示巴沙魚或多利魚（Dory）等相關商品，形式主要以長條形的魚塊為主。雖然本種在英文與中文中分別被稱為John Dory或海魴，但卻與市售商品完全無關，因為冷凍輸入的魚片清肉或加工半成品，其多是東南亞以養殖培育的淡水鯰魚（*Pangasius spp.*），倒不是風味具有天壤之別的差異，而是不論從生產端到消費端，都不該只聽名稱或只看價格品嚐，而因此讓不肖商人有了魚目混珠的取巧空間。的鯛目前全由野生採捕供應，且除少數被休閒漁船釣獲外，其餘多來自拖網作業的混獲，所以數量並不充足，更別說可持續供應大宗消費的冷凍商品使用。

快速檢索

<table>
<tr><td>學名</td><td>Zeus faber</td><td>分類</td><td>硬骨魚類</td><td>棲息環境</td><td>中深層海域</td></tr>
<tr><td>中文名</td><td>日本的鯛</td><td>屬性</td><td>海生魚類</td><td>食性</td><td>動物食性</td></tr>
<tr><td>其他名稱</td><td colspan="5">英文稱為John Dory；日文以漢字「鏡鯛」表示，中文則稱為雨印鯛。</td></tr>
<tr><td>種別特徵</td><td colspan="5">身形明顯側扁，呈灰銀色，體側中間則有一如靶心般的圓斑。頭部比例鮮明，口裂明顯且吻端在攝食時可向前伸出。背鰭具明顯延長的游離鰭條，背鰭與臀鰭基部兩側則具尖銳硬棘狀之骨片，挑選、捉取或宰殺時需尤加注意。</td></tr>
<tr><td>商品名稱</td><td>印仔魚、的鯛；雨印鯛；海魴</td><td>作業方式</td><td colspan="3">底拖網與休閒垂釣。</td></tr>
<tr><td>可食部位</td><td>魚眼與魚身。</td><td>可見區域</td><td colspan="3">臺灣四周沿海，但以東北角至東部為主。</td></tr>
<tr><td>品嚐推薦</td><td colspan="5">可依據中西飲食不同風格與偏好進行調理；中式以清蒸或乾煎為主，西式則多烘烤或酥炸。部分標榜專售深海漁獲的餐廳或店家多有相對穩定供應，嚐鮮不妨一試，但卻不建議專注或大量持續的品嚐。</td></tr>
<tr><td>主要料理</td><td>清蒸、乾煎或酥炸。</td><td>行家叮嚀</td><td colspan="3">品嚐須掌握鮮度，宰殺打理則須留意不易被發現的背鰭與臀鰭基部棘刺。</td></tr>
</table>

角蝦

固若金湯

不僅生鮮狀態下便呈現耀眼華麗的橘紅色，部分抱卵的雌蝦，在下腹部還多有從青綠到靛藍的飽滿卵粒，讓他們在底拖網漁獲中，就像寶石般閃閃動人。質地彈脆且風味鮮美，生食或烹煮俱佳，唯一可惜的是殼甲堅硬，且在邊緣多有銳利棘刺，所以能夠輕鬆享受美味者，多半是那些除深諳風味，還能掌握技巧的吃主饕餮。

形態類似淡水螯蝦，但有趣的是角蝦不但產於深度明顯的海底，同時也因為特殊環境，讓即便是生鮮蝦體，已然呈現如煮熟般引人食慾的明亮橘紅。搭配腹部抱縛如同碧玉珠寶般的藍綠色卵粒，更讓人食慾大開。

角蝦也被稱為「小龍蝦」或「鐵甲蝦」，前者稱謂來自具有類似沿近岸礁岩處龍蝦般的肉質，後者則是因為一身包覆緊密且堅硬無比的殼甲。棲息於水深百米之下的角蝦，為抵抗掠食者的侵擾攻擊，因此全身披覆著堅硬厚實的殼甲；除質地堅硬且緊實包覆全身外，同時在頭胸甲表面與腹甲邊緣，還具有鋒利邊緣與尖銳棘刺，所以不但讓自然環境中的掠食者只能望之興嘆，就連食用時也得分外留心，以免為其所傷。

一如煮熟般的鮮豔體色，主要來自特殊的分布水層，所以讓他們看來不但鮮豔奪目，同時嬌豔欲滴。淺水處的蝦子多具複雜體色或斑紋，但隨棲息與分布深度持續累積，則會依序呈現由紅至白的單調體色表現。而偶有分布於螯肢、頭胸甲與尾扇上的斑點或條紋，則是種類分辨的重要依據。

不論在北歐、南歐或西歐，角蝦都是相當重要且普遍應用於當地飲食中的海產蝦類，主要原因是，包括義大利、西班牙甚至到高緯度的挪威，都可捕獲這種造型分外俊俏的海蝦。而且在傳統料理與飲食習慣中，也多選擇角蝦，作為主要食材。因此舉凡沙拉、海鮮湯或燉飯中，不但可以分別見到整隻、帶殼蝦尾或剝製為蝦仁的角蝦身影，同時在以高溫烘烤或熱油煎炸後的蝦頭與蝦殼，亦被視作美味關鍵，經常被烤香或炒香後榨汁，再添加入料理中，藉以增添風味。在臺灣，角蝦取得不易，國內南歐或法式餐廳，以及標榜產地直送「現撈」海味的海產店，常因為有限貨源與取得不易而上演搶蝦大戰，雖說近年已有進口商品滿足市場需求，但若論到風味表現，多數人還是對龜山島周邊海域，當日現捕之漁獲情有獨鍾，同時體型愈大愈好。

因為全數來自海洋撈捕，並以底拖網捕捉，所以蝦體大小往往參差不齊，難有一定，甚至還多會混入其他不同生物。因此撈捕上船的角蝦，往往要在漁船甲板上迅速作業，在鮮度不受溫度、光照與淡水沖洗的影響下，進行與時間賽跑的挑選作業。完整外觀、鮮豔體色且鮮度絕佳的漁獲，往往在漁船返港的數小時內，便被送至都市中的海產店或高檔餐廳。除非在烹調時或上桌前剖半切開，否則以完整外觀或形塑撩人姿態上桌的角蝦，要剝開他可是折煞許多人的苦差事，有的百思不得其解，有的則還沒嚐到鮮美，卻已手指、舌尖多處受傷。若要順利剝出蝦仁，必須拋棄以往剝蝦的既定模式，而是由第三節腹節由兩側向中間按壓，隨後左右扭動使其脫落，便可完整拉出前半段的蝦仁，此時由尾扇前緣重複此方式操作，便可將甜美脆彈的蝦肉完整剝出。

歐洲品嚐角蝦，最常見的方法是將其剝製為蝦仁，但這往往無法充分感受並欣賞角蝦的風味特色。而善於展現食材風味的西班牙或義大利料理，則相對在燉飯或魚湯中，藉由複雜繁瑣的工序與廣泛取材，盡展角蝦鮮甜美味，同時還能與其他魚類與貝類一同，讓風味表現更顯錦上添花。角蝦以剖半的方式烹煮，不但方便風味釋放與品嚐食用，剝取蝦仁後的蝦頭及蝦殼，若以熱油煸炒或送入高溫烤箱烘烤，隨後再將其充分榨汁後萃取那濃郁的顏色與氣味，並加入燉飯或湯汁中，其來自蝦膏與蝦殼的鮮香，更可以完整滲入米飯或湯汁之中。

角蝦在國內，多以生鮮品嚐、氽燙或鹽焗等方式食用，因此除非大型漁獲會剖半後焗烤外，否則多是全蝦上桌。此外，也因為角蝦往往得在食用前方才剝殼，所以一般料理大致僅以簡單的清洗、氽燙或焗烤，並盡可能保持完整外觀，以確保濃郁的蝦膏、濕潤香甜的肉質，乃至色彩繽紛的蝦卵得以被充分享用。或有餐廳多會推薦一蝦兩吃，蝦尾生食，而蝦頭則在填入米飯後烘烤或烹炸，風味感受會更顯層次。

同場加映

因為作業區域多有重疊，水層亦有相互涵蓋，所以在頭城大溪或屏東東港，都可見到角蝦常與「大頭蝦（大管鞭蝦，*Solenocera melantho*）」與「胭脂蝦（擬鬚蝦，*Aristaeomorpha spp.*）」一同被捕獲並販售。而部分標榜龜山島直送海產的店家，更是以包括生食、氽燙與焗烤等一蝦三吃或一蝦三味料理，讓饕餮一次盡享迷人滋味。

角蝦的分布水深大概在一百至四百公尺之間，而愈往深處，除各種類的體色逐漸轉變為灰白外，同時眼睛比例會逐漸縮小，甚至功能不再，例如餐廳偶見，俗稱的「白猴」，便是眼睛比例甚小至難以察覺的深海物種。而與角蝦相近者，亦有被稱為「金絲猴」的「海神後海螯蝦（*Metanephrops neptunus*）」，紅白對比的體色，加上全身彷若浮雕圖騰般的刻紋，讓這體型足足大上一般角蝦二、三倍的種類，更是難得一見。

角蝦

快速檢索

學名	*Metanephrops spp.*	**分類**	甲殼、長尾	**棲息環境**	底層
中文名	後海螯蝦	**屬性**	海洋蝦類	**食性**	肉食性
其他名稱	英文稱為Scampi，日文漢字為藜蝦。本地則有稱為「海螯蝦」、「鐵甲蝦」或「挪威龍蝦」。				
種別特徵	全球產十七種，臺灣則產四種；活生即為粉紅至橘紅體色，具延長螯肢，殼甲堅硬。				
商品名稱	角蝦、鐵甲蝦、小龍蝦、蝦猴。	**作業方式**	底拖網。		
可食部位	肉質、蝦卵。	**可見區域**	宜蘭與屏東。		
品嚐推薦	基隆、宜蘭大溪與屏東東港。				
主要料理	生食、汆燙或鹽焗。	**行家叮嚀**	剝殼時需留意堅硬且邊緣具棘刺之殼甲。		

異腕蝦　好看又好吃

在產地或海產店中雖多以「蝦母」稱之，但不論就體長、身形分量與飽滿程度，往往不及一同捕獲的大頭甜蝦、角蝦或胭脂蝦。不過那粉橘色澤、隨種類不同帶有的斑點或條紋，以及總是在腹側下方抱縛如同寶石般的藍綠色卵粒，仍讓他們在風味之外，有著極佳的欣賞價值。正如那有限分量下的甜美，讓樂趣遠遠大於飽食。

若非親臨漁港，否則很難見到這種可愛逗趣的蝦子，特別是那鮮豔體色與幾近卡通線條般的誇張模樣，多讓人忽略了在風味上的出色表現，並多將目光停留在那與亮橘體色對比鮮明的藍綠色卵粒之上。

相對於同樣出現在深水拖網漁獲中的各種蝦類，俗稱為「蝦母」的異腕蝦相當容易辨識，一來是因為身形短胖，並有個鮮明誇張的頭胸部比例，看來可愛逗趣，另一則是相對側扁的身形，讓他們與諸如胭脂蝦或大頭蝦等蝦種在外型上截然不同。雖然身形嬌小，但他們能在競爭劇烈的環境中良好適應且妥善活存，除了在包覆全身的殼甲上，多有銳利突出的堅硬棘刺，可供防衛保護而不易於其他生物攻擊或吞噬外，甚者還會在受到驚嚇時，釋放出藍綠色的螢光物質——而可有效退卻敵害的特殊成分，其實是來自他們從食物中累積而得，並且存放在肝胰臟中，做為用以自保的特殊功能。不過，隨著個體被深水拖網撈捕並通過不同水層而被收穫後，多因無法承受劇烈的溫度與光照變化，而讓相關漁獲難以活存，但若鮮度穩定，仍不失值得一試的鮮度與品嚐價值。

在全世界，特別是熱帶與亞熱帶區域，只要有相關蝦拖網作業的地區，幾乎都可捕獲這種造型可愛逗趣的蝦子。只是因為相對身形小、保鮮不易且加工利用價值不高，除了少部分的日本料理店或居酒屋，偶爾將這類蝦子供做生鮮品嚐或天麩羅取材，其餘則多被視作下雜蝦類，供水產飼料投餵使用，能見度不高。在臺灣，這些伴隨著胭脂蝦、大頭蝦或明蝦等高價蝦類捕獲的異腕蝦，多半僅有體型稍大的個體，被漁民挑起販售、隨興抓上一把放在鍋中以米酒熗熟，或是用於煮湯或湯麵，調味提鮮使用。少部分則是做為釣餌，搭配運氣，看看能否釣上一些好價錢或分量大的魚種，一解繁忙漁事作業的苦悶，試圖看看有無加菜或增加收入的運氣可能。

深水拖網漁船卸貨時，以胭脂蝦為主的大宗收成，以及個頭偌大但卻數量零星的明蝦與草蝦，大概會被優先挑起；其次則是品項甚佳的大頭蝦與俗稱海螯蝦的角蝦，並依據鮮度、肥滿狀況與頭胸甲與背側是否因為具有飽滿卵巢，而透著隱約藍綠或橘紅色澤而定價，最終才是這類相對名不見經傳，但仍時有因為鮮度不差或分量堪作食用，而收集販售的異腕蝦。

因為身形嬌小，所以俗稱蝦母的異腕蝦多是全蝦直接入鍋料理。部分漁家偶爾趁閒暇時分為增加收入，索性將收成或購得蝦母另行剝製蝦仁，以賺取微薄的工資，但主要目的則多是打發時間而已。以全蝦料理，不論焯水汆燙、煎煮炒炸或直接生食，絕對有其呈現完整風味的道理；一來可享受蝦頭內氣味濃郁的膏脂，二來品嚐口感鮮爽的蝦卵，三則是感受高溫催化後由蝦殼釋放的芬芳，最後方是剝殼體驗濕潤鮮甜的細嫩肉質。

若時間剛好巧遇正在卸貨的漁船，那捕獲後，旋即浸泡於混合冰塊與海水而溫度低於攝氏零度冰水中的鮮蝦，不但色澤殷紅、頭身緊連，且具彈性——無庸置疑，正適合把握時機剝殼鮮食。以鹹度等同海水的乾淨鹽水，充分沖洗、去除表面泥沙與雜物後，便可直接享用鮮甜原味。品嚐順序首先是那充滿膏脂的蝦頭——特別是體型壯碩且透過殼甲可以隱約見到飽滿且色澤為橙黃、深橘與藍綠的肝胰臟與卵巢，多具有迷人的氣味。蝦膏與蝦肉之外，還有位於殼甲腹側的藍綠色卵粒可供嚐鮮，而這色澤誘人並與體色形成強烈對比的卵粒，也偶爾被做為以顏色、形態或風味妝點生魚片的特殊取材。

多數販售異腕蝦的特色小店，多遵循或仿效漁家最常用的料理方式：僅添加料酒與鹽調味，直接開火乾燒至略顯焦香的鹽熗。而這種有別於汆燙的方式，不但可讓風味濃郁，同時也能讓蝦子的肉質更顯緊縮，分外香甜鮮爽。

同場加映

異腕蝦並非主要漁獲對象，而是深水拖網作業時的順道捕獲，類似的狀況在宜蘭頭城的大溪多可得見，在距離四百公里以外的屏東東港亦屬經常。然而那些由多種組成，甚至名不見經傳的種類，不但是分類學家感到高度興趣的收集與鑑定區分對象，同時也是喜好嚐鮮的饕餮的心頭好。所謂順道一併捕獲的漁獲，雖隨作業區域、季節與深度不同而差異，諸如銀鮫、盲鰻，或是一般淺水處少見的青眼魚與燈籠魚等，也都是別具特色的料理取材，值得勇敢一試。

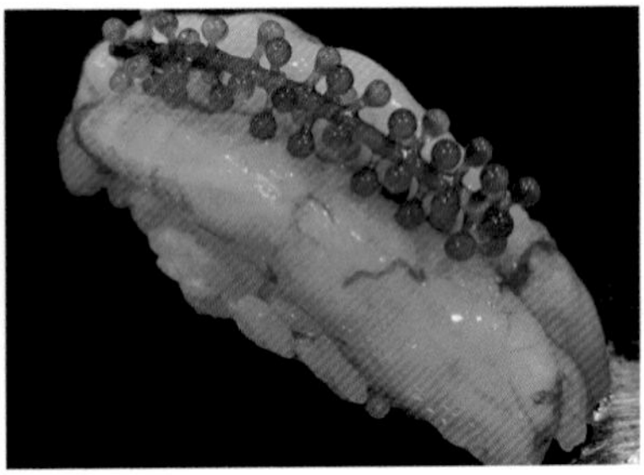

快速檢索

學名	*Heterocarpus spp.*	**分類**	節肢甲殼	**棲息環境**	深水、底棲
中文名	異腕蝦	**屬性**	海生長尾	**食性**	碎屑食性
其他名稱	英文稱為 Deep-sea caridean shrimp，日文漢字為蓑蝦。				
種別特徵	外型長相討喜、逗趣，特別是膨大的頭胸部、相對扁薄的身形、生鮮時便具有的醒目橘黃或粉紅體色，與多於體側斑點及尾部泳肢處抱縛的藍綠色卵粒。更特殊的是，活生個體在受驚嚇或攻擊時，還會釋放具螢光性物質用以驅退敵害的特殊能力。				
商品名稱	蝦母	**作業方式**	深水拖網。		
可食部位	頭胸甲內部、蝦肉與蝦卵。	**可見區域**	龜山島周圍海域及宜蘭、蘇澳等地卸貨漁港，屏東東港亦經常可見。		
品嚐推薦	主要以宜蘭及南方澳為主，東港為輔；因為仰賴深水撈捕作業，既非主要漁獲亦經濟價值不高，因此少有妥善保鮮與充分利用，而僅多在卸貨漁港周邊販售。				
主要料理	生鮮品嚐、汆燙或鹽焗。	**行家叮嚀**	生鮮食用須格外確認鮮度與品質狀態。		

岩扇蝦　低調奢華

中文名稱已然傳神，但英文slipper lobster（拖鞋龍蝦），更是經典且趣味橫生。從名稱不難看出，不論就分類親緣、形態乃至風味口感，其與龍蝦的關聯性。以往多摘頭後冷凍，並以龍蝦尾販售的扇蝦，如今不但有了自己的名字與完整樣貌，更以其緊實甜美的滋味，勾人腹中饞蟲。

只要撇開那長得有點奇怪的外觀，或是觸摸時因充滿疙瘩而不甚舒服的質地，不論是清蒸、汆燙或烘烤後的岩扇蝦，其實風味一點也不輸被爭相吹捧與追逐的龍蝦。只要跳脫名稱與價格迷思，要輕鬆划算的品嚐美味往往無須所費不貲。

奇特的外型，其實就正似將龍蝦縱向壓扁一般，尤其是那幾乎扁薄並因此而顯得一如梯形般的頭胸部，就連原本在龍蝦頭前那對威風凜凜的大觸鬚，在岩扇蝦上，也轉變為一對扁薄兔耳般的形態。既然如此，這些外型特殊的扇蝦，乾脆就將體色甚至是殼甲表面及其邊緣，轉變為一如礁岩般的樣貌，並搭配可以完整收納於腹側的腹肢，與向內捲折的腹部與尾扇，藉由與環境相彷的樣貌，以及以靜制動的姿態，躲避敵害的攻擊，僅在微光的晨間或傍晚時分，才有相對旺盛的攝食與移動。

其實不論就英文或日文名稱、外觀乃至質地，不難發現其實他們與臺灣常見的「棘龍蝦（spiny lobster, Panulirus spp.）」沾親帶故，只是因為身形分量小，外觀亦不如龍蝦鮮豔討喜，自然只由深諳風味的吃主，懂得挑選並能一親芳澤。

在歐美，這類大型甲殼類的料理方式，多是以加上大量動物油脂乾煎或烘烤為主，日本則多以汆燙或剝殼取肉後再行料理，與國內善用大火快炒，或是對半切開後抹上蛋汁的烘烤差異甚大。在港、粵一帶，則多以蔥油清蒸，或者搭配XO醬調味爆炒去殼後的清肉。口感芬芳彈脆的蝦球，滿足每一張有著挑剔味蕾的嘴巴。然而有趣的是，因為不論是扇蝦或是岩扇蝦皆因為賣相不佳，因此除在華人或亞洲市場會以活生形式販售外，特別是在紐澳或歐美，當地販售的商品多為先行去除頭部後，然後以冷凍形式並標注龍蝦尾（lobster-tail）販售，若無特別分辨或比對，往往會因為及其相似的樣貌、口感與風味，因而誤以為所食用到的是真正龍蝦的尾部。而類似的商品，早期也多流通於大型生鮮超市，或是被應用於中價位的鐵板燒料理之中，並以其平實價格與穩定鮮度，廣為大眾接受喜愛。

扇蝦雖然動作緩慢，少有龍蝦一般張揚舞爪的兇猛反抗，或是搭配頭胸甲處密布棘刺並以腹節彎曲後那殺傷力極大的奮力抽彈，甚至不乏藉由摩擦具有薄膜的大觸鬚基部，發出喀喀聲響藉以警示驅敵，反倒多數時候以緩慢動作搭配彎曲姿態，搭配硬實殼甲與有利的附肢緊抓，進行沉穩無聲的抗議。然而愈是如此，愈難進行扇蝦的拆解。雖然在許多油煎或焗烤料理中，不乏將扇蝦一剖為二，然其體中線上略顯隆起的背脊，也多讓刀具難以固定或下刀，甚至粗心手滑，不免見紅風險，因此若非整隻汆燙或烘烤，否則具有經驗的料理者，多會由腹側下刀。同時由於連結緊實的頭胸部與腹部不易拆開，因此不論是剖半處理，抑或是因應快炒並方便取肉品嚐的滾刀塊，也多是先分左右，或依需要再斬剁成大塊。

因為本身肉質緊實且風味鮮美，因此不論中西料理中對於這類中型海產蝦類，多保留最接近原味的呈現方式，其中不乏滾水汆燙、清蒸、油煎或烘烤，僅有偶為增加分量、豐富菜色或增添特殊風味與品嚐形式，才會以大火嗆鍋或燴炒方式表現。因此最常見到的料理方式，是直接蒸煮、汆燙或白焯。在臺灣南部，則多有取其肝胰臟並與五味醬調勻後作為蘸醬，享受那鹹腥的風味，或是剖半後油煎或烘烤，惟為避免持續高溫導致香甜汁液流失，因此除會在表面塗上油脂或蛋液保護外，甚者乾脆整尾直接烘烤，待表面焦香並由邊緣浮出泡沫之際，方才於上桌前斬剁開來，趁熱享受原味。

扇蝦的風味口感幾乎與龍蝦相同，因此亦有餐廳會以生鮮品嚐的形式料理，其中特別會將去殼蝦肉在冰冷的鹽水中稍加攪打，使其緊縮以利口感更加鮮明，隨後再搭配檸檬片或是芥末醬油品嚐。或是將其斬剁成塊後，於下方襯以豆腐切片，澆淋蒜蓉風味的醬汁入屜炊蒸，不然則是先經熱油酥炸定型，再依口味偏好分別以XO醬燴炒，或加入大量蒜酥與豆豉製為避風塘口味，也多鮮香可口，芬芳誘人。

同場加映

具有類似外形或近似親緣的種類，還包括俗稱為「戰車」的「蟬蝦（Scyllarus spp.）」，或是多以冷凍形式進口並販售的扁扇蝦（Thenus orientalis）；前者身形分量直逼甚至重量超過龍蝦，同時價格亦多凌駕龍蝦之上，並在近年成為市場過度吹捧的食用種類，而後者則多因棲息於深水環境，本地亦少有分布，故受限於捕捉與儲運，因此多以冷凍方式銷售。不過不論何者，其風味自然與其鮮度狀況、身形分量與可食部位及其比例相關，而與商品名稱、稀少程度與價格間無絕對關聯。因此一分錢一分貨，品嚐時應該先詢問清楚並且量力而為，以免產生影響品嚐心情的糾紛不悅。

快速檢索

學名	*Parribacus spp.*	**分類**	節肢甲殼	**棲息環境**	淺海、礁岩
中文名	岩扇蝦	**屬性**	海生節肢	**食性**	動物食性
其他名稱	英文稱為Slipper lobster或Mitten lobster；日文漢字為團扇蝦或團扇海老。				
種別特徵	「岩扇蝦」形態介於俗稱海戰車的「蟬蝦（Scyllarus spp.）」與「蝦蛄排」的「扇蝦（Ibacus spp.）」之間，擁有前者略顯粗糙或具有顆粒狀突起，同時花紋複雜的殼甲表面，以及類似後者般相對縱扁的體型。				
商品名稱	蝦蛄頭、蝦蛄排或蝦蛄拍仔。	**作業方式**	拖網、陷阱或潛水採捕。		
可食部位	尾部肉質、肝胰臟與生殖腺。	**可見區域**	臺灣四周沿海與離島，目前則多有進口。		
品嚐推薦	臺灣四周皆有，其中具豐富礁岩地形的東北角、花東沿岸、離島與屏東一帶多有出產，惟目前不乏由東南亞與澳洲進口商品，但風味質地仍以臺灣國產者為佳。				
主要料理	生鮮品嚐、清蒸、烘烤或汆燙	**行家叮嚀**	鮮活且腹部肉質飽滿結實者為佳。		

瀨尿蝦 從銀幕到餐桌

背側擁有飽滿卵巢的蝦蛄，多是日本壽司中傳統而經典的風味；季節性的限定，更加深了人們對這般鮮美的殷切企盼。近年受電影橋段影響，在追捧下，原本做為撒尿牛丸中的取材添加，也分別以汆燙、鹽酥或避風塘等風味呈現——特別是切塊或剝好的貼心處理，讓人更能痛快享用。

國內底拖網作業多有捕獲，且種類組成與數量足稱豐富，但卻因為樣貌特殊甚至古怪，加上剝殼亟需技巧，因此食用風氣不盛，一直等到電影中「撒尿牛丸」引起轟動後，以「瀨尿蝦」取代蝦蛄之名的食用風味與樂趣才漸漸為人知曉。而在這之前，多半僅是沿岸漁民食用，而罕見於市場的私房美味。

英文中將之稱為「螳螂蝦（Mantis shrimp）」，直接點出了外型與行為樣貌特徵。雖以蝦為名，但瀨尿蝦多數時間隱藏於洞穴或岩縫中，僅露出部分頭部以一對靈活大眼打量並偵測環境，難以讓人一窺全貌，另一是其生性敏感，同時領域性強，並以同屬於甲殼類的蝦蟹為食，一對強而有力，可重擊獵物的前肢，往往能在瞬間爆發如同近距離射擊般的威力，具有瞬間擊昏入侵者或獵物，甚至讓僵硬殼甲應聲碎裂的力道，因此不論是體型相當的魚隻蝦蟹，或是從事採集作業的漁民乃至潛水夫，在面對洞穴中探出頭的瀨尿蝦時，往往不敢輕越雷池一步。

瀨尿蝦除了動作與姿態類似螳螂，就連懸殊的頭身比例，乃至寬大肥厚的腹部皆然。特別是一些具有黃綠至翠綠體色的種類，更是維妙維肖，只不過具食用價值的皆以體全長在十公分以上，同時體色相對平淡素雅的種類為主。

瀨尿蝦的美味，就隱藏在那擁有大量肉質的腹部，若幸運的正逢質地肥美的產期產季，還多能品嚐在背側一抹橘黃色的鮮香膏脂。

港粵或潮汕一帶稱為「撒尿蝦」或「瀨尿蝦」的蝦蛄，在全世界淺海至深海環境皆有分布，特別是以底拖網作業的漁船，多會捕獲這類隨種類不同而分別棲息於沙泥地與岩石交界處的物種。雖然廣泛出現於拖網或是陷阱籠具等漁獲收成中，但因食用多侷限於特定種類，加上剝殼甚需技巧，所以食用習慣並不普及，連帶也影響了在市場中的能見度。中國東南沿海或臺灣，多以體全長十公分以上的瀨尿蝦，經氽燙或焯水後蘸以醬料食用。而在港粵潮汕一帶，則或有生醃、快炒、酥炸甚至滾粥。不過若論將瀨尿蝦吃的最講究與最細緻的，還屬日本料理中用於握壽司的取材。不但對種類、體型與成熟狀態多有要求，同時除了腹部肉質，腳內與關節膨大處的細膩肉質，也會另行取出作為饒富品嚐樂趣的享受。

呈現鐮刀狀的特化附肢，不但威風凛凛，同時搭著內緣明顯而尖銳的密布鋸齒，光看就不免讓人倒吸一口涼氣。更何況在部分種類還具有鼓脹呈瘤狀的堅硬突起，搭配彷若拳擊般迅速彈出的動作，輕則發出明顯聲響達到警示禦敵功效，嚴重者甚至讓獵物皮開肉綻或瞬間斃死。此外，由於瀨尿蝦在種內與種間皆有強烈領域性，不乏相互攻擊或競爭地盤，因此除大量捕獲的小體型漁獲為整盤或整桶蓄養外，別具經濟與食用價值的大型種類或個體，皆採單獨包裝運輸或隔離飼養，以確保鮮活狀態。

瀨尿蝦在料理前，一般多利用冰水瞬間降溫以確保個體迅速麻痺或昏死，然後再依據料理需求，選擇氽燙、酥炸或烘烤。部分個體在烹調前可能因為低溫不足、過於緩慢或嚴懲等不當操作，因而使其掙扎而自斷肢腳影響外觀，因此也多會在頭部深切縱向刀口，而為方便食用並確保不因殼甲邊緣棘刺意外割傷口舌，也會稍以刀剪修剪去除。

雖然電影內容係將瀨尿蝦肉質由殼中取出後，包入以棍棒持續敲打精肉出漿而後製成鮮爽彈牙同時噴汁爆漿的牛肉丸，但實際應用卻並非如此。瀨尿蝦的品嚐重點，多盡可能展現其清甜原味，及其飽滿濕潤的鮮爽質地。因此在潮汕料理中，多會將鮮活的瀨尿蝦稍事打理後，以濃郁醬汁生醃入味，並趁冰涼品嚐，或者加入打邊爐或火鍋中，享受類似汆燙後的彈脆，並讓一鍋粥湯更顯甘甜清香。日本料理中的「蝦蛄」，則是傳統壽司組合中的經典代表，其使用的是經汆燙後剝殼的瀨尿蝦肉，只不過為求風味鮮美更顯層次，所以講究在乎的店家，多會刻意挑選季節中肥美的雌蝦，讓品嚐香甜蝦肉之餘，還多可同時感受背側卵巢的濃郁鹹鮮。

觀光魚市多有出售沿岸撈捕的鮮活商品，消費者購回後，簡單白灼或汆燙便能品嚐原味；而坊間餐廳的貨源，則不乏來自東南亞進口，具有黑白相間體色的大型種類，除多以整尾或切段後滾油酥炸，再撒上一同炒香的豆豉、鮮蒜末與蒜酥——此等稱為避風塘的料理方式與調味形式，也同樣見於紅蟳、沙公乃至小卷等海味。若使用的是冷凍的瀨尿蝦，則須留意酥炸或烘烤時，勿使其受高溫持續脫水，以免影響風味與口感。

同場加映

經常食用的白蝦通常不會搞錯，分量與特徵明顯的龍蝦也不致有分辨困難，唯獨這類少見於家庭餐桌或日常飲食中的種類，往往在第一關的稱呼上，就讓人感到困擾。其實只要依據體型特徵，便不難將之區分。例如外型修長並具鐮刀狀附肢的即為俗稱「瀨尿蝦」或「撒尿蝦」的「蝦蛄」；而身形明顯縱扁且頭部呈扇狀的則稱作「蝦姑頭」或「蝦蛄擻仔」；「海戰車」別具分量且價格昂貴，在外型上介於扇蝦與龍蝦間的少見商品；而一般稱為「倒退攄」、「侯貝切」或是「海臭蟲」的「旭蟹」，則可從其相對明顯單薄的尾部，可以看出係屬蟹類親戚而非蝦類。掌握訣竅，便可輕鬆區分，並且精準享受美味。

快速檢索

學名	口足目（Stomatopoda）相關物種	**分類**	節肢口足目	**棲息環境**	海洋、底床
中文名	蝦蛄、螳螂蝦。	**屬性**	海生節肢	**食性**	動物食性
其他名稱	英文稱為Mantis shrimp，日文漢字為蝦蛄。港澳稱為瀨尿蝦、撒尿蝦或窩尿蝦。				
種別特徵	頭部比例小，但卻有一對發達並呈現橢圓形且可靈活轉動的眼睛，腹部寬闊，尾扇扁平且隨種別具特定顏色、花紋或邊緣棘刺與齒數，是種類鑑定分辨的重要依據。具有鐮刀狀的特化附肢，且可向前彈出給予入侵者或獵物瞬間重擊。				
商品名稱	瀨尿蝦、螳螂蝦、蝦蛄。	**作業方式**	拖網捕獲，偶出現於陷阱籠具。		
可食部位	蝦肉與成熟雌蝦位於背側的卵質。	**可見區域**	臺灣四周沿海與離島。		
品嚐推薦	東北角至花東沿岸，西部灘地以及離島皆可見，宜蘭與東港產量相對明顯，另市場多有販售具強烈顏色與條紋對比或大型活體，則來自東南亞空運供應。				
主要料理	汆燙後取肉、酥炸、烘烤或是滾煮粥湯。	**行家叮嚀**	鮮活大型漁獲要價不菲，選購前請多加比較並確認。		

海臭蟲　名實不符

不論是俟貝切、倒退攄或是海臭蟲，這些名字不但難以讓人知曉物種或食材的具體形態，甚至還不免恐懼或懷疑其食用可能。相形之下，以旭蟹或蛙形蟹稱之，顯然傳神，且能隱約透露在生物學上的分類。生鮮時便已通體橘紅，蒸煮後愈加鮮豔明亮，而那殼甲內的潔白緊實肉質，更是甜到不行。

不論是中文名中的「蛙形蟹」，或是一般在海產店中聽聞的「海臭蟲」與「倒退攄」，這般稱呼總難讓人提起食慾。但或許如此，那鮮甜細嫩的風味，卻意外地保留給了深諳風味的吃主，特別是簡單的清蒸或汆燙，放涼後就著清醋與薑末，清甜芬芳的肉質風味，堪稱蟹中之最。

名稱怪、顏色怪且形態怪，是多數人對於這俗稱為旭蟹或海臭蟲的蛙形蟹的深刻印象。澎湖當地多將之稱為「侯貝切」，而這名稱對於初來乍到的觀光客，總難參透所指為何物，而若以海產店或餐廳中的習慣稱呼喚作海臭蟲或倒退攄，也同樣讓人感到疑惑。顏色怪，是來自還未經高溫蒸煮，便已然成為多數蝦蟹烹煮完成的橘紅色，只是若經高溫蒸氣或滾水燜煮，則色澤愈加紅艷。而形態怪，除了那對寬闊、扁平同時邊緣多有鋸齒的螯肢外，便是那極難在印象中的蝦蟹形態裡找到近似歸屬，特別是活生時的他們總是以蹲踞姿態棲息，甚至會迅速的埋藏在質地細軟的底砂下方，而僅露出極少部分的背側、眼睛與靈活擺動的觸鬚。不過若是見到此一畫面，便不難理解為何這種造型特殊的蟹類，會被稱為旭蟹，因為那在砂層上方所露出的一抹橘紅，正如旭日東升一般。

雖然外型奇特，但不論在東西方——特別是在歐美紐澳的餐飲市場中，多可見到以不同形式打理烹調後的旭蟹。西方的飲食習慣鮮少將完整食材在餐桌上呈現，且為方便以刀叉為主的食用習慣，所以僅保留蟹身，而除去頭胸甲（carapace）、螯肢與附肢，甚者多僅剝取清肉，添加於沙拉、濃湯或焗烤等料理菜式，以方便食用。而在亞洲，由於偏好生猛鮮活的游水海味，所以常見如片切後在下方襯以豆腐或菜蔬清蒸，或經蒸煮後放涼片切，再蘸以滋味酸香的薑醋品嚐，感受鮮甜原味。

不論是掌心大的東南亞進口商品，或是個頭十足的「現流」生猛旭蟹，打理時的方式多半相同。首先是由背側末端，也就是頭胸甲與體軀交界處的縫隙，將比例鮮明的頭胸甲由後往前順勢掀開，便可露出主要的食用部分，隨後再依序打理螯肢與其他附肢。相對寬扁的螯肢末端其實肉質不豐，反倒是後面由幾個關節連接至身體的膨大部分，有著緊實中富於紋理的鮮甜質地，而其餘附肢亦同，多是在靠近身體的部分，或是外型相對延長與鼓脹處，方有較為飽滿並可供食用的肉質分布。

與其他蟹類不同，旭蟹的主要產季與作業時間並非生殖成熟季節，更何況進口的商品多受當地採捕時間、體型數量以及性別限制，因此若要品嚐旭蟹風味特殊的膏黃，往往是可遇而不可求。不過飽滿鮮甜的肉質，便能教人心滿意足。

許多人與俗稱海臭蟲的旭蟹初見面，往往來自歐式自助餐的供應菜色。特別是在餐飲業競爭劇烈的近幾年，各家為招攬生意與提升服務品質，無一不在用料取材下甚費苦心，而這造型特殊與色澤紅艷的旭蟹，往往備受歡迎。只不過一般出現在隨取任吃這類餐廳中的，多是冷凍進口然後復熱的商品——雖然看似物超所值，但其實與臺灣周圍海域捕獲，特別是來自澎湖的鮮活漁獲，品質與風味差異可謂天壤之別。

鮮活的旭蟹經打理後，可整隻採腹面朝上方式烹調，其中又以能表現食材鮮度的清蒸最佳，若體型稍大且殼甲硬實不易熟透，則可先行分拆片切。但不論以何種形式，調味皆應以清淡為主，以突顯食材的鮮甜原味。

蒸煮時，下方可襯上菜蔬或豆腐，吸收鮮味，或是僅以清醋與些許薑末做為蘸料，再者，亦可當作沙拉冷盤使用。

同場加映

在花東一帶，尤其是以礫石為主的綿延海灘，多可見到當地居民或漁人，偶爾為打打牙祭，或是招待遠道而來的親朋好友，以同樣俗稱倒退攄或浪花蟹的蟬蟹科（Hippoidea）與管鬚蟹科（Albuneidae）物種做為風味料理。捕捉方式是將腥味濃郁的小卷或花枝固定在插入砂層中的樹枝或鐵條上，然後趁著潮來潮往迅速刨挖砂層放入簍筐中，隨後再由砂質中挑選被吸引前來的浪花蟹。

不過相對於海臭蟲，形態十分相似的浪花蟹卻多半僅有一個大拇指的大小，同時體色從一如寶石般的灰綠到深藍，光看就十分賞心悅目。浪花蟹的食用方式多是直接烘烤或入油鍋中酥炸，簡單調味，品嚐整尾入口的酥脆芬芳。不過近年因為採捕量大，不免造成資源影響與棲地過度干擾，因此建議試試風味淺嘗輒止就好，切莫專注品嚐而影響原本的資源與生態。

快速檢索

學名	*Ranina ranina*	**分類**	節肢短尾	**棲息環境**	淺海、底床
中文名	真蛙蟹，蛙形蟹	**屬性**	海生節肢	**食性**	動物食性
其他名稱	英文稱為Spanner crab，日文漢字為旭蟹。				
種別特徵	比例鮮明的頭胸甲呈略顯正方的卵圓形覆蓋於背側，並具有一對扁平如鐮刀般的剪狀螯肢；活生時便呈現鮮明的橘紅色，腹側則為白色，而烹煮後則顏色更顯艷紅。多棲息於具有細軟砂質的淺海底床，並會將身體包埋其下，僅露出眼睛與觸鬚，甚是有趣。				
商品名稱	倒退攄、侯貝切（前面兩者皆為閩南語發音）、旭蟹、海臭蟲	**作業方式**	旭蟹拖網所獲，但偶爾見於一般拖網、刺網或陷阱籠具。		
可食部位	肉質與膏黃。	**可見區域**	臺灣西部沿海，以澎湖出產品質最佳。		
品嚐推薦	一般食用多為自澳洲空運進口的活蟹，或由東南亞大量供應的冷凍煮熟商品。然而風味最佳仍以本地出產為最，尤其是澎湖捕獲的海臭蟲，肉質飽滿，甚是鮮甜。				
主要料理	蒸煮後白斬、清蒸或快炒。	**行家叮嚀**	優先挑選鮮活且體型相對較重者。		

長足蟹　手短腳長

多從北國空運進口的長足蟹，由個頭最大的鱈場蟹領軍，其餘還包括花咲蟹、楚蟹、松葉蟹與香箱蟹等種類；雖以其粗壯延長並與身形完全不成比例的誇張形態示人，然其間卻不乏外形似蟹，實則為寄居蟹的近似種類，生食、燒烤或火鍋皆宜。

臺灣飲食風氣與口味偏好因為特殊的時空條件，可以約略見到日式身影，舉凡料理取材乃至烹飪調味皆然。如今拜便捷空運與純熟包裝及運輸作業所賜，似乎多能突破限制，幾乎毫無時差的品嚐來自北國的季節食材，例如近年曝光率與討論度極高的長足蟹便是一例。舉凡鱈場蟹、松葉蟹、楚蟹或是花咲蟹等種類，因為身形偌大，同時具有明顯延長的附肢，因此多以「長足蟹」稱之，但由於總是重量驚人，與本地所產海蟹差異甚大，也自然被稱為「帝王蟹」。只是當大夥還沒搞懂時，商人早已將同樣產於溫帶水域，但卻來自南半球的近似種類，以低溫冷凍的熟蟹進口，然後再冠以類似或相同名稱，形成了若辨識不清，往往會發現價格存在數十至將近百倍的差異。其實在臺灣，深水拖網或以陷阱籠具作業的漁船偶爾可獲，只是零星數量難支撐國內市場龐大消費需求。

這些分別產於高緯溫帶海域的大型蟹類，其實並非真正的螃蟹，在親緣上反而與寄居蟹相對接近。若仔細觀察，近似種類雖仍符合節肢動物甲殼綱十足目的特徵，但卻在最後一對附肢，多有明顯縮小甚至隱藏等現象，其中不乏反折於背上甚至隱藏在殼內。姑且不論外型古怪，龐大的身形以及粗壯附肢擁有著豐富的肉質，加上取用食用皆十分省事方便，自然成為餐桌上常見的食材。在歐美，長足蟹多被以汆燙、蒸煮或烘烤，亦不乏將烹煮後的蟹肉拌入沙拉或夾入麵包，或被加工製成蟹肉罐頭。深諳蟹類風味及其品嚐的亞洲，則擅長藉由特殊的調理與食用方式，展現食材質地、風味與樂趣。

不論是身形較為扁薄並擁有修長蟹腳的「松葉蟹」，或是外表布滿棘刺的「花咲蟹」，與體型分量十足的「鱈場蟹」以及「甘氏巨螯蟹」，主要食用部位都集中在那明顯延長甚至比例誇張的附肢。而向來在熱帶海蟹或河蟹中視作美味與品嚐重點的蟹鉗與蟹身，反倒在長足蟹的風味與可食分量上，相對不如蟹腳。至於秋蟹中分外迷人的蟹黃蟹膏，在這類長足蟹種中更屬千載難逢。若商品為方便儲運並確保鮮度，而在捕獲後旋即煮熟的南半球長足蟹，多半退冰後或重新加以烹煮或燒烤復熱後便可食用，但若為自北半球進口的活生或冷凍長足蟹，則多依據料理目的與食用偏好而稍有不同。活生長足蟹仰賴空運進口，並須蓄養在攝氏四至六度的低溫水槽中，在料理或食用時方撈取宰殺。打理時先行卸下蟹腳，再掀開蟹蓋；其中蟹腳會依據部位分段，粗胖部位供作鮮食，其餘部位則依序為燒烤、水煮或裹粉烹炸，蟹蓋與蟹身則滾煮火鍋，或伴隨其中膏黃加上蛋汁燒烤或清蒸，惟主要食用部分與品嚐重點仍以蟹腳為主。

因為價格不菲，所以這統稱為帝王蟹的長足蟹們，多半在年節喜慶或宴席大菜時現身，只不過若視「蟹」不清，往往不免被以南半球產相對廉價、風味口感甚是因為久儲導致脫水或乾瘦等品質不佳的商品矇混。此外，市面多有出售大量收成後低溫急速凍結並多已去除蟹蓋僅保留蟹身與蟹腳的商品，以「一肩」為單位的半蟹形式出售，如果不堅持活蟹或完整外型，也算物美價廉。或有單售蟹足與蟹螯等形式的商品，方便悉聽尊便依據偏好與預算採購，而無需拘泥於活蟹的昂貴價格。

日式料理中多將活蟹蟹腳經拆折與削殼方便燒烤，或取出一節蟹肉後浸泡冰水供作生食。而以全蟹不同部位分開料理的全蟹宴，則往往包含了生食、汆燙、清蒸、燒烤與火鍋等豐富多樣的完整組合。

韓式料理中會以其與醬料生醃，享受濕潤柔滑與鮮爽兼具的細緻風味。而歐美料理以蒸煮、用奶油或起司焗烤。臺式料理講求品嚐原味，因此僅以簡單的黑胡椒粒搭配醬油快炒蟹腳；至於港粵料理，則以避風塘、豉椒乃至專擅海味的潮汕油泡等打理方式，讓鮮味盡情釋放。

同場加映

如果預算有限，或僅個人想要一嚐風味，精打細算下，不妨選擇許多餐廳多有出售小分量的分切商品，或是部分連鎖迴轉壽司，亦有隨產期產季推出的促銷活動。市面上亦多有以魚漿煉製品製作的各式蟹味棒，雖可聊勝於無的滿足大口享受的快感，但實則並無實際成分，是早期取得困難時的權宜之計，與長足蟹的取材與風味幾無關聯。

10 本地多有輸入的商品，例如體型最大的鱈場蟹（堪察加擬石蟹，*Paralithodes camtschaticus*）、經濟實惠的松葉蟹（*Chionoecetes opilio*）、具有品牌且數量相對較少的楚蟹與花咲蟹（短足擬石蟹，*Paralithodes brevipes*），亦多有以冷凍熟品大量進口與平價或低價供應的南美產智利王蟹（*Lithodes santolla*）。

快速檢索

<table>
<tr><td>學名</td><td>依據種類不同而定[10]</td><td>分類</td><td>甲殼歪尾</td><td>棲息環境</td><td>溫帶、底層</td></tr>
<tr><td>中文名</td><td>依據種類不同而定[10]</td><td>屬性</td><td>海生蟹類</td><td>食性</td><td>動物食性</td></tr>
<tr><td>其他名稱</td><td colspan="5">英文稱為King crab, Snow crab and Giant crab，日文漢字則依據種類不同而分別以楚蟹、花咲蟹、松葉蟹或鱈場蟹表示。</td></tr>
<tr><td>種別特徵</td><td colspan="5">多數種類具有明顯延長甚至粗壯的附肢，由多呈扁圓形的身體向四周輻射發展；惟相對於熱帶地區常見河蟹或海蟹，呈現剪狀的螯肢多半圓胖粗短，同時最後一對附肢明顯嬌小、隱藏並完全不具食用價值。</td></tr>
<tr><td>商品名稱</td><td>統稱為帝王蟹或長足蟹，但多會依據種類不同再加細分</td><td>作業方式</td><td colspan="3">專業為陷阱籠具捕獲，極少數為底拖網混獲（bycatch）</td></tr>
<tr><td>可食部位</td><td>以附肢中的肉質為主，蟹身其次，膏黃罕見。</td><td>可見區域</td><td colspan="3">多為活生或冷凍進口商品，臺灣僅極少數漁場（如頭城大溪）偶有少量採捕外型近似物種。</td></tr>
<tr><td>品嚐推薦</td><td colspan="5">因絕大部分皆為進口商品，因此建議多以嚐鮮即可，因為不論就食用、風味與相關烹調料理，皆非本地熟悉或偏好的形式。</td></tr>
<tr><td>主要料理</td><td>生鮮品嚐、烹煮、沙拉、烘烤或鍋物。</td><td>行家叮嚀</td><td colspan="3">考慮食物里程、冷凍或熟凍鮮度品質與商品價格，建議嚐鮮或淺嘗輒止。</td></tr>
</table>

蟶

出淤泥的鮮美

因為名稱中的正字唸不出來，所以乾脆順其殼貝的形態與顏色，稱為竹貝或竹節貝，只是隨種類不同，在大小、粗細與長短上或有差異，然而風味卻皆香甜誘人。細小者多煮湯取其鮮味，中等體型大火爆炒伺候，而如擀麵棍般大小者，則適合清蒸或油淋，痛快過癮的大口享用。

雖然有兩片對稱的外殼，然而超乎經驗與認知的奇特外型，以及那特殊的觸感與質地，就更別說那不知道該如何稱呼或唸出的名稱：蟶ㄔㄥ，以致於這般美味，經常被人有意無意的忽略。但若品嚐過那鮮甜清爽的滋味，不論是拌炒或是煮湯，入口軟滑芬芳，便立馬能牢牢記住。

一般熟悉的二枚貝或雙枚貝種類，多數呈卵圓狀至果核般的外型，大小分量則與種類、季節與產地相關，生產方式包括撈捕與養殖，其代表種類包括海瓜子與花蛤，或是文蛤與淡水中的蜆，而部分如象拔蚌（geoduck）或是硨磲貝[11]（*giant clam, Tridacna spp.*）等，則是重量明顯甚至樣貌驚人的大型種類。

蟶也屬二枚貝類，但特殊之處除在那呈現狹長的外觀，同時還包括薄脆的矩形殼貝，以及其表面異常發達的殼皮。也因如此，所以特定的種類被稱為「竹蟶」，或是在海產店與餐廳中，經常以「竹節貝」為名，一來名稱對應外型維妙維肖，二來則有節節高升的美意。行潛底生活，主要棲息於泥質灘地下方，因此採集相對耗費人力，但絕對是道值得放心嘗試的美味。

蟶類的食用會依據種類及其體型大小而有所分別，身形不過小拇指般大小者，甚至來得更細長些的種類，主要以草繩或干瓢捆紮後，滾煮風味鮮美的湯汁，而約莫食指到中指般分量的種類，則多汆燙後快炒；甚至可達擀麵棍般粗細與長度的大型種類，特別

11　硨磲貝因為生長緩慢且培養耗時，因此歷經大量採捕導致資源匱乏，目前為國際貿易規範之保護對象，僅來自養殖培育的可以進行商業利用。我國則已公告為保育物種，不得採集與食用。

是肉質飽滿的良品，簡單上屜清蒸或白灼後蘸以醬料品嚐，彈脆質地與鮮爽風味，自是其迷人之處。

在西方料理中偶有使用，但消費頻率、數量乃至市場的能見度，遠遠不及蛤（hard clam）或俗稱淡菜的貽貝（mussel），不過在華人地區，則是深受消費者喜愛。只是因為數量相對較少，且價格較牡蠣或文蛤等食用貝類略顯昂貴，因此僅出現於海產店或餐廳，而罕見於一般傳統市場或家庭餐桌之上。

二枚貝雖有外殼保護，但處理功夫與肥瘦挑選、鮮度確認與清洗吐沙，以及料理過程的品質確保以及火候掌控密切相關，面面俱到後，方能痛快享受細嫩質地與鮮美風味。生成在灘塗自行採集或購回的蟶子，必須先洗去沾附於殼表的軟泥，同時靜養在深度剛好足以蓋住殼貝表面的鹽水中，讓個體充分將消化道內的泥沙或髒汙排出。而在至少半天的蓄養過程中，還得不時翻動將死掉的蟶子挑出，以免汙染並影響風味。

除煮湯外，蟶一般都會在料理前以滾水汆燙，以利掌握熟度，以及輕鬆將可食的貝肉與殼貝分離，避免因為後續翻炒導致薄脆殼貝破碎而影響口感。

小型種類多會以「稻草」或「干瓢」捆紮後，與排骨一同煮湯或隔水蒸燉。除湯汁因為蟶子的鮮美而顯得甘甜芬芳外，用以捆紮的稻草不但可避免蟶子在湯中四散並方便移除，還可增添一股清香氣味，至於干瓢則因係由葫蘆刨絲並經曬乾製成，因此煮熟後亦可食用，平添品嚐間的樂趣。不過由於這類煮湯或蒸燉的蟶子，主要取得是其甘甜清爽的鮮味，所以烹煮完成後貝肉多明顯萎縮乾癟，而不另行食用。

以肉質分量取勝的中、大型種類，品嚐重點反倒是那薄脆殼貝內飽滿到幾乎無法完全閉合的鮮爽肉質。常見的料理方式多為白灼或快炒，前者以滾水汆燙後放涼，蘸以包括生辣椒醬油、五味醬或芥末油膏等佐料食用，後者則多以辛香佐料拌炒先汆燙至五至七分熟的蟶子，起鍋前沿鍋緣澆淋料酒與香油。除痛快享受甜美彈牙的蟶肉外，以風味濃郁鹹鮮的湯汁攪麵拌飯，更是暢快無比。

在部分沿海區域，蟶子更有廣泛利用，甚至除生鮮烹調品嚐外，也不乏經烹煮後取肉曬乾，以利長時間保存並方便料理調味使用，例如日常滾煮湯汁或拌炒鮮蔬時，隨手來上一撮——味道好到不行。

同場加映

看似灰撲撲的泥灘或淺海灘塗，總難以讓人聯想到其實隨潮水漲退，不論是在水中或底泥裡，總有那些常被忽略的美味，特別是這些食材的身形不大甚至嬌小，同時也因為罕被認識接觸，加上多為沿岸居民自行採集收成與食用，也鮮少販售至市場中，自然成為濱海地區的獨享美味。常見者例如身形不大的沙鮻、花身雞魚或俗稱為「變身苦」的金錢魚，而螺貝類的組成則更是陣容堅強且規模龐大，從用以做零嘴的燒酒螺與蚵螺外，舉凡沙白、花蛤、環文蛤與海瓜子等，也都是砂泥底質中淘洗得到的誘人海貨。如果運氣不差，還有可能順手摸幾隻騷公或紅蟳，甚至是俗稱「土龍」的波路荳齒蛇鰻——美味之餘，還可拿回去浸泡藥酒來孝敬家中父母長輩。

快速檢索

學名	竹蟶科（Solenidae）下所有種類	**分類**	軟體動物門	**棲息環境**	泥灘、底棲
中文名	蟮蟶、竹蟶。	**屬性**	海生物種	**食性**	濾食性
其他名稱	英文稱為 Razor clam。				
種別特徵	具左右對稱的殼貝，為殼貝質地薄脆，通常以手緊捏即能破碎；殼皮發達，多呈淺灰至褐綠色。殼貝型態依種類不同而略有差異，但皆為殼長明顯且呈矩形或長矩形外觀。行潛底生活，多喜好棲息於軟泥底質，並以伸展出的水管帶動水流進出以濾食。				
商品名稱	竹蟶、蟶子、竹節貝。	**作業方式**	徒手採集，或利用水柱沖洗收集。		
可食部位	充分清理後的軟體部分。	**可見區域**	中國大陸東南沿海、金門與馬祖等地。		
品嚐推薦	小型種類多以煮湯取其風味，稍具分量的中大型種類則可滾水汆燙、清蒸或快炒。亦有將煮熟的貝肉乾製後，添加於湯品或是燜燉調理中做為調味提鮮之用。				
主要料理	白灼、快炒、燉煮。	**行家叮嚀**	應確保食材於料理前已充分清潔並確保鮮活狀態；另若品嚐時口舌稍有刺麻感覺，建議應停止食用並丟棄，以免因為赤潮引發的藻毒影響健康安全。		

小吃

消夜或別具地方特色的風味吃食

盲鰻

無眼也無珠

久居光線難以抵達的幽暗海底，加上異常敏銳的嗅覺輔助，因此逐漸失去了提供視覺感受的眼睛，取而代之的是被皮膚覆蓋後的兩個灰白斑點。既然樣貌讓人吃驚，所幸便將頭尾與皮層除去，僅僅留下粉紅色魚身切段；冠上「青眼鰻」、「無眼鰻」或以其爽脆口感而稱為「龍筋」的俗稱，自然近悅遠來。

僅有少數的人會在生物課本上見到或曾聽聞的生物，如今是宜蘭或東港特色海產店中的隱藏風味；特別是那透著混合魷魚與蝦蟹的濃郁香氣，不覺讓人心神嚮往——至於外觀，還是先吃再說，別看到得好。

嚴格說起來，盲鰻不論就親緣演化或是生態習性，都與一般人認為的魚類多有差異，更遑論僅是外觀上相近的常見鰻鱺種類。其主要名稱由來，則是因為長時間棲息於微光或無光的海底，因此讓他們的視覺持續退化，最終使得眼睛隱藏於皮膚之下，僅留下相關位置的一對淺色斑點。此外，盲鰻屬於圓口類，所以不具有上、下顎的構造，偵察與攝食由短小的唇鬚負責，口部則為一開裂的縫隙。他們具有極富韌性的厚質皮膚，搭配體側一排黏液孔，可在受到刺激時迅速分泌大量的透明黏液，因此雖然動作難稱敏捷，但幾乎在棲地環境沒有生物會主動願意招惹他們。盲鰻在攝食時多會先以舌、齒固定，然後由尾部捲曲打結，利用黏液潤滑將打結的身軀向前滑動，如此便可輕易的撕下食物。其主要食物多為沉降於底床的生物屍體，因此是海洋中重要的清除者。

食用盲鰻最具代表性的國家為韓國，將盲鰻剝去皮層後，伴隨辛香料與菜蔬，以大火爆炒。此外，則是將活生現宰的盲鰻，在剝除皮層後，直接在炭爐上烘烤；不過相關料理往往因為過於突兀且令人感到不忍，所以未曾接觸的人們或行旅，大多因為驚恐訝異而敬謝不敏。

國內則因為在宜蘭頭城大溪、蘇澳與南方澳以及屏東東港，多有以深水作業為主的陷阱籠具或底拖網作業，因此在漁獲中不乏盲鰻等漁獲副產收成。以往或許由當地漁民撿拾後偶爾食用，目前則成為標榜在地特色的小店餐廳中的特殊私房料理。常見者除以大火搭配芹菜段與豆醬或韭黃等滋味鮮明的配料調味快炒，呈現爽脆口感，或直接以熱油烹炸並灑上椒鹽趁熱品嚐，但深諳風味的吃主，多反倒會特意指定細火慢烤，享受那魚鮮中少見的濃郁異香。

盲鰻的處理甚是費工，因此多數海產店取得的，多是已在漁港邊由漁工或攤販充分除去外皮並剁除頭尾的商品。生鮮的盲鰻不但有極具韌性的豐厚皮層，同時外表也因為大量黏液分泌而顯得濕滑難以操作；更何況那透明如膠般的黏液，一旦沾染多難輕易洗淨，所以在漁港邊撿拾或收集盲鰻的人們，也多會順道提供宰殺服務。食用的部位為去除頭尾、外皮與內臟的魚肉；其卵雖然呈如膠囊狀的討喜外型，但卻因為口感不佳、不具風味而似乎無食用價值；略帶彈性與透明質地的魚骨則爽脆可食。若以烘烤料理方式品嚐原味，往往得點上大份或雙份，緩衝因高溫受熱而明顯聚縮，方能盡情享受。

日本與韓國多有品嚐盲鰻的習慣，前者限於特定地區，食用方式多以烘烤或製干為主，而後者則包括燒烤與炒製，尤其是近年多因特殊外型與料理方式在影音平臺廣為傳播，已然成為挑戰當地古怪食材或特殊料理的特色宣傳。只是鮮活宰殺與料理，多半會讓人觀感不佳，同時也衝擊影響動物福利，反倒不如國內多將盲鰻由捕捉深水魚蝦的副產漁獲中挑出販售，價值來得合理許多。

國內主要的烹調料理，包括快炒、烹炸與烘烤。快炒多可悉聽尊便的分別以豆豉辣椒搭配蒜瓣與九層塔、沙茶佐以醬油膏，或是在大火熗鍋下以豆醬調味，並加入口感鮮爽的芹菜段，都十足開胃，適合搭配醬汁澆淋、大口扒飯品嚐。而如果想配上冰涼的啤酒享用，酥炸與烘烤最是對味。尤其是將切成長段並剖開的盲鰻以高溫烘烤，隨著炭火下的時間積累，多能聞到漸趨濃郁，一如魷魚混合蝦蟹般的濃郁腥香。

同場加映

以誘釣、網撈或陷阱籠具在深水作業的漁獲收成中，除了具有高經濟價值，譬如紅喉、紅目鰱、赤鯮與各類個頭偌大的胭脂蝦與大頭甜蝦外，其餘多為俗稱雜魚的副產或混獲漁獲（bycatch），這些雜魚，種類組成龐雜、採捕狀況零星有限，難稱穩定，加上甚至因為棲息水域與生態特殊而多導致外型其貌不揚甚至古怪，故甚少見於市場，但只要稍加整理，並確認鮮度品質無虞，諸如俗稱角魚的魴鮄，或是外型與顏色類似養殖白鰻鱺的糯鰻等，也都是不妨一試的滋味。

快速檢索

學名	盲鰻科（Myxinidae）物種泛稱	**分類**	圓口魚類	**棲息環境**	底層
中文名	盲鰻	**屬性**	海洋魚類	**食性**	肉食、腐食性
其他名稱	英文稱為Hagfish；日文漢字為沼田鰻。本地則稱為盲鰻、無眼鰻或青眠鰻。				
種別特徵	廣泛分布於全球三大洋的熱帶至溫帶海底，全世界計七屬七十種，臺灣則具其中四屬十三種。體色多為灰白，具明顯皺褶與寬扁尾部；吻端具短鬚與裂孔狀開口，眼睛退化隱藏於皮膚下故名。				
商品名稱	盲鰻、無眼鰻或龍筋。	**作業方式**	底拖網或陷阱。		
可食部位	去除頭部、內臟與皮後的肉質。	**可見區域**	宜蘭、南方澳與屏東。		
品嚐推薦	基隆、宜蘭大溪與屏東東港，另臺灣北部專售深海或龜山島海產的餐廳亦多有販售。				
主要料理	酥炸、快炒或是烘烤。	**行家叮嚀**	肉質因加熱而明顯萎縮故須留意分量。		

過魚

品嚐挑重點

或稱「鱸麻」或「珠過」，光聽名號便是不好惹的傢伙，更何況那動輒百來斤的粗壯身形。只是斬剁成塊後，再經滾水、料酒與去腥提味的蔥薑助拳，瞬間轉為入口鹹香，落喉甜美且尾韻十足的魚湯；跟老闆套套交情或成為熟客，還多有指定部位，或多來上兩塊精華部位的熱情款待。

販賣的攤頭的招牌上，多僅有「郭魚」或「過魚」兩字，形式則多為搭配滷肉飯或肉燥飯的湯點；前者多被猜測為聯想與吳郭魚有關，而後者則多讓人摸不著頭腦難以想見而困擾多年。只不過那鹹香間帶著甘甜的芬芳尾韻，以及骨肉間所飽含的大量膠質與脂肪，卻總是教人一嚐難忘，自然定期報到，也多忘了追究，而久不久就得主動前來並享受這別具風味與品嚐樂趣的魚湯。

其實若說明了種類，就一點也不顯奇怪或特殊，因為俗稱為「郭魚」或「過魚」的種類，其實所指多是具有一定體型分量以上的大型石斑。而之所以得此名稱，則是因為又在中文名稱中被以「鱠」稱之的閩南語發音所致。除此之外，這類大型石斑也被稱為「鱸麻」，並不時出現在沿近岸的延繩誘釣或撈捕漁獲之中，並以此名作為與養殖種類與收成的區別。

此外，這些體型動輒數十斤的大型石斑，並非如龍蔓石斑（目前本地已多依約成俗的稱為「龍膽石斑」）或俗稱金錢斑的藍身大石斑，以人工繁殖培育與養成而得，反倒皆主要來自野外採捕，甚至不乏遠洋漁船卸下的冷凍漁獲。而特殊的身形分量，由於並非市場小攤可方便打理或一般家庭經常食用，所以通常做為特定料理使用取材。屬於鮨科的石斑特殊之處，還在於那先雌後雄的性別轉變，此外隨不同種類與成長階段所產生的體色與體表紋路變化，也多是品嚐之餘，不妨留意觀察的有趣之處。

相對於歐美多有食用的鱸魚（perch/bass）、鱈魚（cod）與鮭魚（salmon/trout），在熱帶至溫帶海域，特別是印度至西太平洋、紅海與南太平洋一帶，別具體型分量、肉質豐潤且風味特殊的石斑魚（grouper），不但是主要食用的海產魚種，在華人地區的飲食風氣，相關種類也多是美味的代表。鱈魚與鮭魚多以脂肪含量著稱，而多數種類的石斑則是以其豐潤皮層與介於肉質與魚皮間的豐富飽滿膠質，深受華人喜愛，所以舉凡潮汕或標榜專售生猛游水海鮮的港粵餐廳與酒樓，無不以活生石斑作為招牌。本地食用石斑的風氣，即在早年受港、粵帶動影響，然而藉由國內穩定持續且表現出色的繁養殖技術，先養後售再食用，卻讓臺灣自此成為全球養殖石斑供應及其技術輸出上，首屈一指的國家。

生產如此，品嚐亦然，所以除了喜慶宴客或親朋好友聚餐的宴席上，多有整尾清蒸或蔥油石斑，在中南部的夜市或省道旁，也多有專售鮮魚湯或過魚湯的攤販與商家，以簡單調味、滾煮清湯熱鍋大鼎並滾燙上桌品嚐，呈現大型石斑毫無矯飾的迷人風味。

不論是養殖或野生供應，抑或是鮮活、冰鮮或與冷凍形式，相對於同體型的魚類，石斑在烹調前的打理上都顯得費事許多。一來是因為石斑的鱗片細小且緊貼體表，同時分布位置還包括了布滿骨片與棘刺的頭部；二來則是除胸鰭與尾鰭外，各鰭前緣都具有末端尖銳的硬棘，同時鰓蓋周邊的骨片邊緣十分鋒利，往往在抓取、固定或是打理時充滿挑戰風險，以及若稍有不慎便為其所傷的風險。更何況若是俗稱鱸麻或是過魚的大型石斑那動輒數十至百來斤的驚人體型分量，以及堅硬無比的頭部與脊椎骨，也讓人在打理分切完全魚之後，不免腰痠背痛腿疼、兩手無力。況且還必須針對不同部位的肉質分布及其質地差異，切割成適當的大小等等。所以往往得倚賴專門的魚販，或是交由經驗老到的攤商處理，讓原本體型偌大的魚體，可以經清修與分切後，成為一塊塊擺放於攤頭，細聽尊便揀選或指定的適當大小。

鮮度絕佳的過魚或鱸麻，多被拆解成為魚頭、左右兩側清肉以及中骨，或是再將魚頭區分為頭部以及以鰓蓋後緣至胸鰭處的下巴。不過用以烹製過魚湯的取材，則多會刻意挑選帶皮、著骨以及富含膠質的魚頭、下巴、中骨乃至各鰭等部位。而經過清修打理的無刺魚肉，則多另作為餐廳或家庭方便料理與品嚐的取材，例如油浸魚球、清蒸、糟溜或豉汁魚球，以及近年多流行的XO醬炒魚腩等，皆是可痛快享受過魚的脆彈與鮮甜肉質的料理方式。

只是真懂風味以及享受品嚐樂趣的吃主，往往偏好那俗稱骨邊肉或骨仔肉等的特定部位——尤其是那含有豐富膠質與脂肪的魚頭、下巴、龍骨、魚皮或是各鰭基部等特定部位。更何況以大鍋熬出風味清甜的湯底，只要將指定部位的魚塊，放入水中稍事汆燙，去掉血水或黏液等髒汙，然後加上薑絲大火滾煮，起鍋前澆淋些許料酒，便是風味鮮美的過魚湯。而如果想要有些變化，亦可以選擇以豆腐搭配味噌滾煮，不然則或是加入熟白飯，成為兼具美味同時管飽的飯湯，也是可以方便痛快享受的一餐。而湯中撈出的過魚塊也可乾濕分離，區分為一菜一湯的有趣搭配，除可單吃品嚐原味外，也可蘸以調入芥末的醬油膏，或是請店家特意挑選俗稱魚嶺的背鰭部位，入油鍋炸至表面焦脆，再撒上鹹辣的胡椒鹽入口，口感與風味皆更顯層次。

同場加映

喜不喜歡吃魚，或是偏好吃哪種魚，骨刺的多寡與分布狀態，往往扮演關鍵角色。然而許多喜歡吃魚，甚至對品嚐魚鮮情有獨鍾的吃主，反倒喜歡在骨刺中尋覓滋味。因為這些著骨的肉，不但紋理細緻且質地細滑，周邊還多具有豐富膠質與脂肪比例的魚皮與結締組織等——就更別說在魚頭或眼窩處所含有特殊的營養成分。因此許多人點選過魚湯時，往往特別吩咐攤商，多來些像是下巴、魚眼、魚皮或魚鰭等部位，或是店家也會主動詢問：「吃肉還是吃骨？」而如果顧客直接回應「吃骨」，可別笑他不懂魚肉的甜美——怎捨魚肉而就構造複雜甚至食用困難的部位——反倒要向他看齊，試著在骨刺間藉由牙齒、嘴唇與舌尖，搭配複雜的吸吮、輕咬與舔舐等動作，方能享受過魚令人著迷的鮮甜風味與品嚐樂趣。

快速檢索

學名	*Epinephelus spp.*，多以大型種類為主。	**分類**	硬骨魚類	**棲息環境**	沿岸近海、底棲
中文名	石斑	**屬性**	海生魚類	**食性**	動物食性
其他名稱	英文稱為Grouper，亦偶有與鱈魚（cod）或海鱸（sea bass）相混用；日文漢字為荒魚。				
種別特徵	頭部比例鮮明，體披細鱗，體色與體表紋路隨種別及其不同成長階段與環境差異而持續變化。除胸鰭與尾鰭外，各鰭前緣皆具硬棘，鰓蓋周圍則具鋸齒狀或邊緣鋒利的骨片。具先雌後雄的性轉變，部分種類可成長至一公尺以上，體重達百餘斤。				
商品名稱	過魚、郭魚、過魚、鱠魚、鱸麻。	**作業方式**	誘釣、延繩與網具撈捕。		
可食部位	全魚以及胃袋及魚腸。	**可見區域**	臺灣四周沿海偶可捕獲，亦有東南亞進口的冰鮮或冷凍漁獲。		
品嚐推薦	除滾煮清湯或味噌湯外，烹炸、燒燴或燉滷，都可隨烹煮時間與溫度不同，而讓黏稠的膠質口感更加鮮明。著骨的肉質細軟甜美更勝魚體兩側，而別具體型魚體則多能蓄積相對較多的脂肪與膠質。				
主要料理	煮湯、快炒、燒燴或燉滷。	**行家叮嚀**	品嚐時須留意碎骨，以及邊緣鋒利的骨片或尖銳棘刺。		

虱目魚腸　限時美味特早班

即便是在虱目魚以嘉南為主的產地周邊，虱目魚腸也是必須搶鮮趁早品嚐的限定版的風味食材。除了保鮮不易且有地理距離限制，也因為數量稀少，所以不消中午便已早早售罄。因此若要品嚐那包括魚肝、魚腸與爽脆魚胃的鮮味，只能明日請早。

多數人熟悉或喜愛的虱目魚，多是那質地肥軟且沒有骨刺礙口的虱目魚肚，孰不知魚腸方是虱目魚風味的精華所在，其餘還包括魚頭、魚皮與里肌等部位，風味皆迷人。只是由於魚腸取得與保鮮不易，因此多是「產地限定」、同時限時限量。饕餮除了得趕早搶鮮，甚者同時點上乾煎、燉煮、與滾湯——各來一份。

近年針對虱目魚的名稱由來多有爭論，但依據使用語言與時空背景，顯然並非是由國姓爺隨口詢問當時這美味鮮魚「甚麼魚」而衍生的名稱。因為虱目魚的養殖，早在荷治時期甚至更早便已引入，並由當時的西拉雅人進行養殖而隨後開展。而依據其面部脂瞼隨加熱時間與溫度由透明轉變為乳白，終將眼睛遮蓋，因此遮目魚或膜遮目之名或使用，顯然為較為可信的說法。至於隨後多因促進銷售與拉抬買氣，而以由英文俗稱Milkfish直譯的「牛奶魚」，或是呼應主要產地與食用熱點的「安平魚」或「思慕魚」，則都是後來的事。

虱目魚喜好生活於溫暖水域，並以淺水處因陽光直射形成的底藻做主要食物來源。且其對鹹、淡變化耐受性佳，因而廣泛分布於赤道兩側的溫暖海域，因此不僅國人喜愛且有大量養殖，在東南亞或許多南太平洋國家，也多是當地料理取材與口味偏好。

以往的虱目魚多以酥炸、紅燒或煮湯等方式料理，在東南亞與國內臺灣皆然。只是近年則因為加工技術持續創新與落實，並且為推廣這種同時兼具美味又顯環保的養殖魚種，亦多有各類除骨去刺乃至依部位分切的處理方式，而讓虱目魚的料理更顯多元。例如除有整尾酥炸的無骨虱目魚排外，甚至在帛琉，還有將虱目魚製作成符合當地飲食文化與口味偏好的虱目魚壽司，或添加時令菜蔬滾煮的酸湯。

但若要說到國內對虱目魚的品嚐，臺灣則該屬世界第一，主要原因除為經歷近四百年的養殖歷程與產業活動外，同時深為國人接受、習慣甚至偏好的各式虱目魚料理，加上國內多有大量且穩定的持續生產，物美價廉且鮮度絕佳的產地直送，也多讓取材製成的各式料理或加工，分外美味並饒富特色。特別是造訪諸如嘉義與臺南等主要產地，除了可以從早到晚品嚐各式虱目魚料理外，舉凡魚頭、魚皮、魚肉、魚肚乃至魚腸，或是以碎肉經擂潰打漿後製成的虱目魚丸、魚板等，也都是虱目魚迷人美味的具體表現。

虱目魚的宰殺甚具特色，不但需要為確保鮮度品質而鍛鍊出純熟、迅速且精準的刀工，同時也多必須數人一組，以利依序進行刮鱗、剁頭、取肚、清腹、片皮及剔肉等分項作業，而各階段不但專注的各司其職，同時動作極為熟練敏捷，因此一尾在清晨甚至天亮之前撈捕收成的虱目魚，直到分切為各個部分銷售，往往就僅是只數個小時間的作業。

虱目魚的體型不大，所以幾以一把約莫巴掌長度的小刀便可處理，但因為須入刀精確且能平整切割或片剖，所以宰殺時多必須準備一方磨刀石在旁隨取隨用，以確保商品外形完整美觀。清腹過程中摘取的魚腸，會被妥善收集並以低溫保鮮，甚至在收成魚隻之前，還得提前至少一日停料，並適度給予驅趕，以利排除其中影響風味與口感的殘渣異穢物。同時也因為退鮮速度極快，且並不耐久存或儲運，因此除多僅在產地周圍販售，相關料理也得起早搶鮮方得品嚐。

虱目魚腸乍聽之下或許還有點嚐鮮的意願，但若見到生鮮狀態的魚腸色澤、樣貌與質地，或許就此打消想法念頭——原因是那褐紅相間的顏色、糾結成團的樣貌，實在很難想像其烹煮後的口感與風味。不過專業的料理者，倒是以其精準眼光與獨擅技法，協助大夥解決這樣的疑慮或困擾；前者必須以豐富經驗的眼光辨識，並搭配多年配合的穩定來源，方能取得鮮度絕佳的魚腸，而後者則會分別利用不同烹調方式以及調味，展現那富於口感與風味層次的食材特色，並最終成為多人接受認定，並稱為美味中的美味料理。

虱目魚腸多在透早開店前與其他漁獲同時送達攤位，甚至部分將本求利或堅持品質而必須自行宰殺的店家，還會自全魚宰殺分切開始，以確保食材鮮度品質。因此若要品嚐魚腸美味，搶先趁早絕對是基本代價條件，只是偶爾因為天候或季節不佳，或是當日未有撈捕供應收成，則店家寧願選擇暫停販售，也不願意以隔夜素材充數。魚腸多以熱油烹煎至表面焦香酥脆，然後可依據個人喜好，分別搭配胡椒鹽、醬油膏或是摻有豆瓣的辣椒醬品嚐。其中魚肝粉嫩、魚腱鮮爽，還有風味獨特的團繞魚腸，重點是一份中多有三、五副，可讓人痛快品嚐。或如果意猶未盡，還可再點上虱目魚腸湯，或者是在虱目魚粥及魚頭湯中吩咐加上魚腸一份，一舉數得，風味立馬提升好幾個檔次。

同場加映

雖然肥軟豐膩的魚肚十足誘人，但是爽滑鮮香的虱目魚皮，或是風味略帶鹹酸的虱目魚肉，也多是熱湯、煮粥、乾煎或快炒的良伴。而宰殺過程中取下的魚骨，也多可熬煉出鮮美的湯汁，隨後烹煮虱目魚丸刺瓜湯，也甚至是芬芳對味。就連俗稱為魚嶺在宰殺過程取下的背鰭基部，也可先以日曬脫水再經烹炸或烘烤後，成為焦酥香脆的開胃或下酒小菜，因此虱目魚的迷人之處，絕對不是只有那有著軟滑鮮香油脂的魚肚一味，而是包括了從頭到尾、從由外到內的各個部分。若有機會途經嘉義臺南，部分因疏養而提前收成或供作釣餌的小虱目魚，以鳳梨豆醬滷至通體酥軟，整尾品嚐，更是痛快過癮。

快速檢索

學名	*Chanos chanos*	分類	硬骨魚類	棲息環境	河口、海洋
中文名	虱目魚	屬性	海生魚類	食性	藻食性
其他名稱	英文稱為Milkfish；主要食用多集中於臺灣與東南亞，其他國家則少有食用。				
種別特徵	全身銀白，背部顏色稍深，尾叉明顯；體呈兩端略顯尖銳的紡錘形，口中無齒，且眼睛表面披有透明脂瞼，經加熱會轉為乳白，故早先使用名稱為遮目魚或膜遮目。藻食性，多以淺水處的底藻為食，因此腸道纖細但長度明顯，並具有一肌肉發達的嗉囊胃。				
商品名稱	虱目魚、海草仔、膜遮目。	作業方式	多為養殖培育，偶有野生撈捕。		
可食部位	魚皮、魚肉、魚肚、魚頭與魚腸等，其中魚腸包括嗉囊胃、魚肝與腸道等器官。	可見區域	臺灣西部沿海皆有，並以雲嘉南為主要養殖地區；海撈野生則偶有捕獲。		
品嚐推薦	因為物美價廉的平價商品，且烹調料理已為國人普遍接受，因此四處皆可方便購得品嚐。惟西部沿海多有風味特殊的在地料理，且對取材鮮度甚是講究，故推薦品嚐。				
主要料理	乾煎、煮粥或滾湯	行家叮嚀	把握絕佳鮮度，多需早起搶先品嚐。		

烏魚白與烏魚腱　雄性當自強

或許因為風味濃郁的烏魚子，總是搶人目光並占據味蕾，所以同樣取自烏魚腹腔中的魚白，以及俗稱烏魚腱的嗉囊胃便少人知曉關注。魚白同樣於冬令盛產，而來源則為成熟雄烏的精巢；烏魚腱則雌雄皆有。而在秋冬之際，若同時享用烏魚子、魚白與魚腱，再搭配由魚殼烹製的麻油麵線，方應是盡享當令美味的完整美組合。

多數人對於烏魚的概念，多來自年節送禮或宴席必備的烏魚子，殊不知其實除了以雌性成熟卵巢加工製成的烏魚子外，從俗稱「烏魚腱」的嗉囊胃到風味絲毫較烏魚子不遑多讓的「烏魚白」，也都是冬至前後直達年節，若妥善保存終年可享的迷人滋味。

烏魚是適溫洄游的魚類，因此當入冬之後，隨著北方氣溫與水溫持續降低，海烏魚便會開始循著等溫線持續南下，來到食物豐沛同時溫暖的南方海域產卵，而此時游經臺灣海峽的肥美烏魚，正是取材製作烏魚子的絕佳素材。

雖然目前烏魚已多有養殖供應，製作烏魚子的原料也不乏取材產期產量相對穩定的養殖烏魚「塭烏」，但每年冬至前後，不僅漁民，也包括饕餮，仍期待著一年一度順著北方冷氣團南遷的烏魚，帶來專屬年節的鮮香滋味。只是近年多隨海洋環境丕變與漁業資源匱乏，不但讓海烏魚的捕獲時間及其收成量甚不穩定，同時品質也多良窳不齊。

因其背部顏色暗沉，烏魚也有「鯔魚」的稱呼，特別是針對大型或相對具經濟價值，可將卵巢取出製作烏魚子的種類。其背部顏色暗沉，對環境鹽度變化具極高的適應性，食物則多為底泥中的藻類與有機碎屑，所以方才鍛鍊出肌肉質地豐厚且彈性十足的嗉囊胃，而成熟的雄性，也則多在腹腔中具有質地軟滑醇厚的「魚白」可供品嚐。

雖然同樣取自稍具體型分量或已達成熟的烏魚體內，然而不論取材部位、料理調味、口感乃至品嚐樂趣都大不相同。其中俗稱為烏魚腱的嗉囊胃為雌雄個體皆有，而以「魚白」或「烏魚膘」表示的精巢，則多是相對於用以製作烏魚子的卵巢，由雄性成熟烏魚獨具的飽滿生殖腺。因為大量養殖或撈捕取子加工，因此在宰殺烏魚過程中，多有等同尾數的烏魚腱收成；而魚白則隨養殖或撈捕來源不同，或有比例上的差異。其中因為烏魚養殖多以雌性為主，因此魚白數量相對較少，而海撈的野生烏魚，則會依據成熟狀況不同而或有分量與風味差異。

國外少有食用魚隻內臟的風氣與習慣，自然相關料理並不常見。在臺灣、中國沿海省份以及東南亞地區，則分別有將其內臟以醃漬、風乾，或直接以調味鮮明的醬汁快炒或燉滷等料理方式，除珍惜資源、善加使用外，也多藉此享受特殊口感與品嚐樂趣，以掩蓋稍顯特殊的風味與口感，進而充分表現食材本身的質地特色及其品嚐價值。

宰殺烏魚除須具備豐富純熟的多年經驗，同時還需要特製的輔助工具，多由漁村婦女擔當此重責大任，而使用工具則為前端黏有一塑膠或鑲上金屬圓珠的鋒利小刀，以避免在剖腹宰殺時，不慎以刀尖劃破卵巢表面的薄膜，損傷外觀，進而影響賣相與價格。刀子會先在肛門後方劃上一橫向缺口，然後進入並向前推送、以劃開腹部，並迅速取出黃澄澄的飽滿卵巢，隨後還會摘取俗稱魚腱的嗉囊胃，並移除其他內臟。而如果見其腹中透露一絲潔白光澤，則多表示是成熟的雄烏。取下上述部位的魚體稱為「魚殼」，早期是價格不高的商品，但近年由於生產成本增加、品嚐風氣日盛，加上保鮮與運輸下品質掌握得宜，因此價格也隨之水漲船高。

烏魚子的製作必須歷經醃漬、洗鹽、整型、壓製與日曬乾等程序，而俗稱魚白、或魚膘的精巢反倒多以鮮品供應，並講究即時現煮與盡速品嚐為佳。而其中稱為烏魚腱的嗉囊胃則須先剖開清除汙物黏液後，再依據料理需求及口感偏好料理。

烏魚腱以大火快炒或油炸烹炸口感，鮮爽彈脆，亦可乾製後以炭火慢焙，則能呈現一如魷魚絲般愈嚼愈香的鮮明口感。新鮮的烏魚腱常見烹調多為裹粉或裹漿後酥炸，趁熱撒上椒鹽品嚐，或是於表面刻花後，搭配氣味清香的芹菜管與鹹鮮豆醬，以大火快炒。而乾製的烏魚腱則將新鮮材料先以鹹辣風味的醬汁醃漬後，再以鐵絲串起後曬乾，食用前除藉由炭火慢烤釋放腥香氣味，同時還會不斷以鐵錘反覆敲打，好讓質地鬆軟適於嚼食。部分店家亦會直接將剖開後的烏魚腱，以竹籤串起後直接烘烤或是烹炸，並以簡單的海鹽調味，突顯時令素材的單純原味。

質地濕潤滑嫩且細緻無比的精巢，則會品嚐上得搶快趁鮮！分別以老薑與麻油調味，燒燴，便成為冬季中兼具滋補與美味的特色料理。尤其將切口處先以煸乾薑片的麻油煎至焦香，再於起鍋時加入些許米酒頭，如此不但化解了烏魚膘過於濃厚的氣味與口感，同時也讓風味更顯層次。或是以芹菜管搭配豆醬拌炒，同樣芬芳誘人。特別是那質地間的醇厚鮮香與滑嫩細緻，也難怪多被形容具有豆腐般的質地口感。

同場加映

或許因為養殖塭烏的收成多在自東北季風開始吹起的秋季，方才由最北端的養殖重鎮竹北，依序向南進行收成；而海獲的野生烏魚，也多在冬至前後十天游經臺灣海峽。近年雖然烏魚子的品嚐風氣盛行普及，但卻因多以成品銷售，少有完整的漁獲，讓民眾清楚烏魚從生鮮到加工的各樣程序與副產物，所以諸如魚白、魚腱與魚殼等，自然少被認識理解。其實除了烏魚子外，剖子後取出臟器的魚身多稱為「魚殼」，不論乾煎、燒燴、煮湯或製成烏魚米粉，也都是氣味鮮香的時令美味。而在臺灣西部沿海的河口或蚵田中，也不時可見到體型小上烏魚一號的「豆仔魚」，雖然沒有取子加工的價值，但也質地細嫩鮮甜，同時腹中飽藏芬芳油脂，以乾煎或添加豆豉蒜末清蒸，也是隨手方便的迷人美味，因此目前也多有養殖培育。

---

12 嗉囊胃為特定食性魚種的胃部名稱，因其為攝食需求而具有異常發達的肌肉組織，以利在混合其他異物下，能加速食物的磨碎，進而消化吸收其中營養；其構造與形式類似鳥類的嗉囊而因此為名。烏魚與虱目魚皆為此形式。

快速檢索

學名	*Mugil cephalus*	分類	硬骨魚類	棲息環境	河口、海洋
中文名	鯔、正鯔。	屬性	海生魚類	食性	碎屑食性
其他名稱	英文稱為 Mullet, Springer 或 Mugil；，日文漢字以鯔表示。				
種別特徵	頭方正，背部寬平且色澤暗沉，體側則為銀白至銀灰色。口為橫向開裂，眼睛表面具脂瞼，體側則有類似虛線般的縱向細紋數條；胸鰭略偏上位，具兩段式背鰭。因適溫與生殖洄游而於每年冬至前後游經臺灣海峽者稱為海烏，相對以養殖培育經年者則稱為塭烏，皆是取材製作烏魚子的主要來源，而魚白、魚腱與魚殼風味亦佳。				
商品名稱	魚白為精巢，烏魚腱則為嗉囊胃[12]。	作業方式	撈捕（巾著網或刺網）或養殖。		
可食部位	精巢、卵巢、嗉囊胃與魚殼。	可見區域	臺灣西部沿海。		
品嚐推薦	養殖塭烏北起竹北，南至高屏，其中以雲林為主。因多有養殖供應且不乏加工保鮮商品，因此品嚐無特定區域，惟在生產區周邊多有饒富在地特色的風味料理。				
主要料理	乾煎、快炒或烘烤。	行家叮嚀	鮮度愈佳則風味口感愈顯鮮明特殊。		

烏賊墨囊　黑不溜丟的好滋味

分別來自魷魚、花枝或鎖管等頭足類胴體內的一只銀色軟袋，而其中的黝黑膏汁，不但具有濃厚的風味黏稠的質地與顏色，同時也因此被廣泛利用在各類料理添加或調味之上；雖然不免怪異，但只要嚐過，便多一試成主顧；甚至搭配生鮮質地剔透或烹煮後雪白柔軟的肉質一同享用，更顯加成的迷人滋味，同時樂趣無窮。

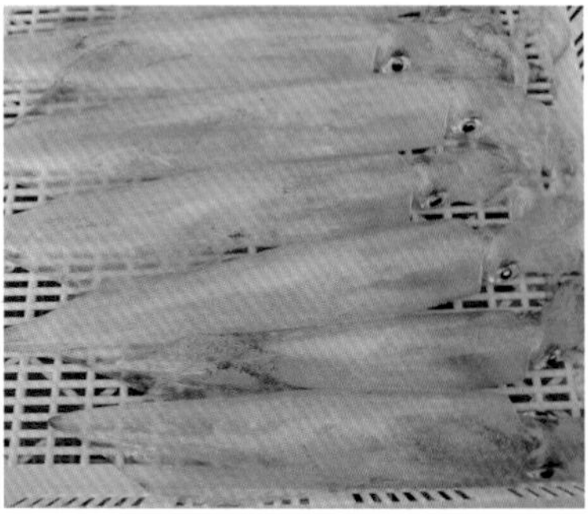

對於章魚、鎖管或烏賊這類頭足類物種，當遭到攸關性命的競爭或壓力時，常見的方式，便是將體內墨囊中的墨汁吹吐出來，然後趁視線不清、混淆難辨之際迅速逃脫。雖然墨汁總是烏黑黏稠，但其特殊的質地與風味，卻在料理與品嚐上，展現了在原本設定功能之外的精采與迷人表現。

墨囊是一只在頭足類胴部中的銀白色囊袋狀物，其中蓄存著顏色濃黑的墨汁。但雖說是墨汁，實則是其分泌與代謝出的特殊產物，同時釋放後並非像一般墨汁可滴散於水中迅速稀釋或化開，而是多形成呈黏稠的膠態，因此常被當作抵抗或禦敵時，威嚇對方或趁機逃逸的屏蔽。

頭足類向來以其鮮美風味與彈脆口感，以及隨肉鰭、胴部或腕足乃至頭部軟骨等不同部位所呈現的多樣層次著稱，而若能取得鮮度極佳的活生或冰鮮漁獲，胴部內的肝胰臟、生殖腺及其如纏卵腺等附屬部分乃至墨囊，也都是別具風味的取材，並可分別用於多樣指定或特色料理之中。其中取材自墨囊的墨汁，不僅顏色特殊，同時還別具風味，特別是在中、西或日式料理中亦多常有取材，只要鮮度良好，除可不經宰殺直接食用外，亦可取出後做為著色、調味或是醃漬使用。

頭足類在有些地區或國家多被分切為胴部、肉鰭或腕足，而少有完整食用，甚至僅取肉質豐厚的胴部加工利用，其餘則多作為水產或禽畜產飼料製作添加。但有趣的是，不論中、西或日式料理中，卻對胴部內一只約莫紅豆到花生米般大小的墨囊，展現了高度的興趣與普遍利用，以墨囊中的墨汁入菜，除決定了許多別具特色的料理其風味與樣貌，甚至成為特定名稱的由來，譬如地中海地區的燉飯及墨魚義大利麵。而在日式料理中，常見墨囊運用於加入各類以頭足類或螺貝類為素材的醃漬或調味品中。

墨囊是頭足類儲存墨汁的囊袋，在緊張時多會奮力擠壓並隨水柱吹吐擴散，不過由於分泌速度極快，所以多能充足甚至在短時間內大量累積並利用。而用於烹調料理或品嚐的墨囊，則最好能由活生、現流活肉或是船上急凍的漁獲取得。前者多在宰殺時順道取下，而後者則因為撈捕或釣獲後便隨即低溫凍藏，因此在品質與鮮度上自然無虞。

由腹面中線劃開胴部，便可在漏斗基部處一旁，見到一只表面多為銀白至灰褐色澤，外形與大小約莫黃豆至花生大小般的囊狀物，其即為儲存墨汁的墨囊。小心由末端摘取下來，可在小皿或淺盤中將之劃開，便可取出色澤黝黑、質地稍顯黏稠的墨汁，經過濾並去除其中雜質確認無異物後便可使用。切記未經宰殺直接由胴部邊緣深入摳取，除通常會不慎劃破墨囊，而難以完整取得墨汁外，同時還會因為沾染肉質影響後續的烹調料理與品嚐。

能夠獲取墨汁的種類不僅烏賊，還包括鎖管、魷魚與章魚，只不過烏賊的墨量相對充足，且食用頻率遠高於章魚，且與本地常見的魷魚或鎖管無分軒輊，加上生鮮處理相對普遍，自然成為取用墨汁的主要來源。在南歐與義大利一帶，取材自頭足類的墨汁，除被作為湯菜或是麵點中，用以上色或調味外，亦被加入麵團中混合揉捏，成為顏色濃黑的義大利麵；然後搭配上諸如貽貝或海蝦等海鮮，並加入切成一圈圈的鎖管或魷魚，便成為一道用料豐盛且滋味迷人的墨魚義大利麵。

在日本，烏賊墨汁可用於醃漬使用，除讓小菜多有特殊的顏色之外，也賦予了一種帶有濃郁甘甜與鹹腥交融的風味層次。而在本地，則會利用烏賊墨汁，添加於以魚漿為主要材料，並混入切成小顆粒的烏賊或鎖管肉丁，灌製成色澤黝黑的墨魚香腸，並多與添加飛魚卵的另一種類形成有趣的搭配組合。亦不乏一些別具巧思的麵包店，會將墨汁混入麵團之中，然後烤製類似法棍或軟法等別具口感的麵包，不論是單吃，或是做為切片製作三明治的取材——特別是夾入煙燻花枝、乾煎鎖管或是油漬的章魚腕切片，都能大口品嚐兼具色香味的美味組合。

同場加映

種類組成多樣的頭足類，料理與品嚐多與食材的體型分量有關。約莫指節大小的種類，多半不經宰殺而整尾料理並食用；特別是鮮度良好的鮮活、活凍或是撈捕後旋即汆燙的熟品，一口咬下，特別是由肝胰臟與墨囊所呈現出那鹹腥與甘甜交融，並總能在濕潤口感下，隨咀嚼不斷呈現風味層次的豐富變化，而這也多被視做為品嚐頭足類的最大特色與主要享受。而中大型的種類，則會依據部位分切打理，不論是彈脆的肉鰭、質地厚實豐潤的胴部，或是富於多樣口感與品嚐樂趣的頭部軟骨、俗稱龍珠的口球，以及充滿大小不一吸盤的腕足，也都是頭足類食材在料理與品嚐時的迷人之處。此外，取材新鮮肝胰臟經研磨過濾後，混合醬油與清酒，用以醃漬切成細條的魷魚或鎖管等生鮮肉質，是名為鹽辛的美味下酒小菜。或是將生殖腺以滾水汆燙經白灼或烘烤後蘸以海鹽品嚐，也都是頭足類專屬的珍味，相當值得一試。

快速檢索

成分	頭足類墨囊中的墨汁。	**分類**	生鮮或加工品	**葷素屬性**	葷食
取材來源	頭足類物種，多以俗稱墨魚或烏賊的種類為主。	**加工類別**	濃縮	**販售保存**	低溫保鮮
商品名稱	墨汁、烏賊墨汁、墨魚醬或烏賊膏，英文為Cuttlefish ink。				
商品特徵	來源主要為生鮮取用以及罐裝商品。前者成分與取材百分百天然，但須確認並掌握鮮度，而後者則以加工方式生產製造，依商品定位、用途與價格，多有天然濃縮、調和乃至替代性等不同差異。近年亦有調味包、軟袋或軟條形式的小包裝，提供方便選購與料理使用。				
商品名稱	烏賊醬或墨魚膏。	**烹調形式**	醃漬、調合於麵團或用於調味。		
可食部位	去除外表囊袋並經過濾均質後的墨汁。	**可見區域**	新鮮食材可自購買的活肉或活凍漁獲取得，包裝商品則可自大型超市或專業食材供應商購得。		
品嚐推薦	中、西與日式料理中多有廣泛使用，為特色料理所使用，常見者例如可用以製作醬汁或直接揉入麵團的墨魚義大利麵、日式漬物或是台式的墨魚香腸等皆為代表。				
推薦料理	生醃海鮮、燉飯、義大利麵或墨魚香腸等。	**行家叮嚀**	建議把握鮮度同時適量添加，並避免操作過程中不慎沾染。		

花枝卵與花枝膘　鮮美中的鮮美

要品嚐這般珍味，要不是精準掌握主要食用種類繁殖的秋季，便是得隨不同種類的繁殖季節，不然則得直赴產地並仔細留意。因此在向來以穩定出產美味花枝著稱的澎湖，加上多有活絡的加工產業，自然讓花枝卵與膘成為當地不可錯過的美味首選。供作食用的花枝卵，並非所指為產出於體外，外型如葡萄般的卵顆粒，而是還在胴體內的卵與纏卵腺，倘若運氣不差，還能在一旁見到俗稱花枝膘的精巢，兩個一起來，誰都別錯過！

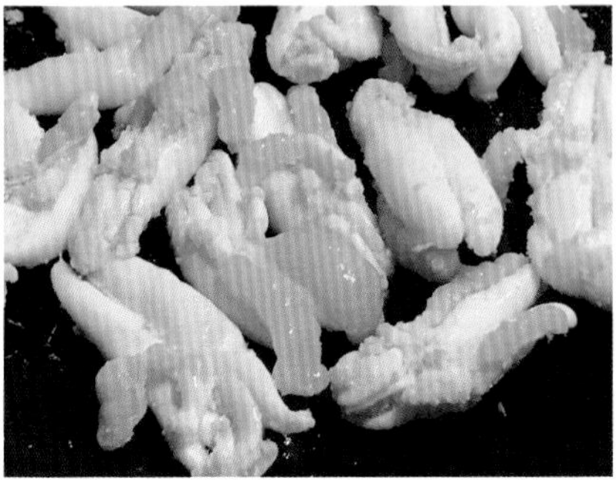

卵與膘是食材市場中對於雌、雄兩性生殖腺或是生殖細胞的俗稱，也有將卵稱為蛋

或是子，精巢則偶爾以膘、魚白或白子表示。如果可以拋開對於內臟類食材的刻板成見或懼怕，並妥善控制食用分量與頻率，避免過量的膽固醇可能對心血管造成的負擔，這些特殊的器官或組織，往往有著令人驚喜甚至驚豔的風味表現。

花枝在不同地區、使用習慣或依據體型大小與外型特徵（例如海螵蛸一端是否有突出於胴部之外而形成尖刺），也偶有以「墨魚」或「烏賊」稱之，主要原因便在於那體內中一只外表為銀灰色外觀，但實際卻蓄積了大量濃黑黏液的墨囊——特別是當個體感到威脅或遭受攻擊時，往往會將其中墨汁伴隨水流迅速吹吐出來，然後趁視線不清之際，盡速逃離，或達到威嚇驅敵的功效。花枝具有相對鎖管或魷魚渾圓許多的外型，同時呈現波浪狀擺動的肉鰭，幾乎完整的包覆住整個胴部的邊緣，而在體內則具有一只骨質的海螵蛸，除可支撐起胴部外，同時還提供了些許浮力。

花枝具有極為發達的視力，同時知能、學習乃至記憶也超乎人們想像，因此成為研究動物行為的主要對象之一。而在餐桌上，他則以豐潤並具彈性的肉質、鮮甜風味乃至隨肉鰭、胴部、頭部與腕足等部位不同所呈現的層次口感，而成為許多饕餮吃主情有獨鍾的品嚐偏好，並廣泛見於中西日式的各類料理取材。

相對於鎖管與魷魚，同樣屬於軟體動物頭足綱十腕目的花枝，單就沿近岸可捕獲的常見種類相較，不但肉質明顯豐厚，同時體型分量也大上許多。更何況從肉鰭、胴部、頭部以及各腕，都有略顯差異的口感，而除了部分如鰓或海螵蛸等部分無法食用外，其餘都因具有獨特風味，因此展現高度的別具品嚐價值。特別是用以分切、乾製或播漬製漿等加工用的花枝，還多會刻意取出諸如生殖腺或是龍珠等特定部位，提升商品附加價值之餘，還能以滿足饕餮追尋珍味的期待與念想。花枝卵與花枝膘，雖然所指的是花枝尚未排出體外的卵巢團與精巢，但其中還包括了雌性所具有的纏卵腺，因此除顏色黃白相間外，還讓口感更顯層次。在歐美，多半僅食用除去所有臟器以及體表薄膜的花枝肉塊，並多以烘烤或烹炸為主，甚至捨棄肉鰭、頭部與腕足而僅只食用肉質相對豐厚的胴部為主；但在華人地區或是離島，則多區分各部位的不同風味口感，並多藉由適性對味的料理發揮，讓美味淋漓盡致的展現。

花枝在市場中多有鮮活、冷藏與冷凍等三類形式，其中鮮活多須鄰近產地或適逢產季，而冷凍則多可能來自東南亞或其他地區輸入；不過在多有撈捕或加工作業的地區，除可見到分別以燈火誘集或假餌釣獲的相關收成外，還可見到因為加工需求，而在一旁的攤販、魚寮或加工廠中，打理與分切花枝的精采畫面。宰殺時會由肉質較為肥軟豐厚的腹側下刀，將刀尖由邊緣往胴部頂端劃去，便可打開充滿內臟的胴部，小心翼翼的摘除墨囊，並將如卵巢與精巢等可食臟器挑出後，便可略事清洗，然後最後則是將接近背側的俗稱為「海螵蛸」或墨魚骨的骨板取出，乾製後可以作為供鸚鵡等鳥類啄食之用，亦有曬乾後研磨入藥用途。取出的精巢與卵巢為確保鮮度並方便販售，故多會立即以帶有鹽分的滾水汆燙，以利定型並避免水解腐敗，而燙煮好後平鋪放涼，便成為在市場中偶有販售的花枝卵或墨魚子。

歐美市場對於花枝的食用意願與頻率皆不高，加上料理方式多半侷限於烹炸、乾煎與燒烤，調味亦多以滋味酸香鮮明的番茄醬、油醋或塔塔醬為主，因此在很難嚐到食材原味。

相對於歐美，華人地區對於俗稱為花枝、墨魚或烏賊的種類，不但有善於煎煮炒炸燜溜熬燉等多樣各式料理表現，同時對應食材及其特定部位的各色料理的適性與調味安排，也能將風味口感襯托出色非凡。相形之下，豐潤的雪白肉質往往不是品嚐重點，反倒是那些口感特殊，滋味獨具的卵或膘，反倒成為餐間席上饕餮專注的心頭好。以墨魚卵加入鹹香醬汁乾燒，吃的是那略顯硬實的醇香風味；而將之與鮮魚同蒸，則讓一菜雙味，相互輝映。如果不想如此麻煩，簡單將購得的花枝卵與膘以薑蒜末大火爆炒，或可加些調味提鮮的豆豉與二砂，起鍋前沿鍋緣澆淋醬油與料酒，並撒上一把鮮採的九層塔，鹹鮮芬芳，也往往讓人難以抗拒。

同場加映

只要鮮度絕佳，花枝除了質地硬實的海螵蛸或鰓部無法食用外，其餘皆可依據其質地與風味特色，製作不同料理並加以品嚐。例如肝胰臟多用於研磨後，與生鮮肉質一同醃漬。而豐潤的肉質除可快炒、乾煎、烹炸、燒燴或燉滷外，亦不乏可經過擂潰製漿，搭配切碎的肉塊，製作成為鮮甜芬芳的花枝丸或花枝餅；而墨囊可以經過濾後拌入麵團中，揉製成色澤與風味皆顯獨特的墨魚義大利麵或麵包，甚至是乾製後的墨魚與五花肉一同燉滷，也都別具特色風味。個頭不大的墨魚，經氽燙後多半是滋味酸香辛辣的東南亞海鮮涼拌中的常見取材，而著名的「目魚燒肉」，或是日式鐵板燒多強調原味的墨魚厚塊，亦是品嚐食材鮮美風味的推薦選項。

快速檢索

<table>
<tr><td>成分</td><td>蛋白質與脂肪。</td><td>分類</td><td>特定部位</td><td>葷素屬性</td><td>葷食</td></tr>
<tr><td>取材來源</td><td>花枝、墨魚或烏賊的生殖腺。</td><td>加工類別</td><td>汆燙熟品</td><td>販售保存</td><td>常溫、冷藏。</td></tr>
<tr><td>商品名稱</td><td colspan="5">英文稱為Cuttlefish’s gonad。</td></tr>
<tr><td>商品特徵</td><td colspan="5">主要取材自加工用花枝胴部內含的成熟生殖巢，多為小型至中型種類；不但可充分利用食材避免浪費，還可增加漁民收益。並非單為取用生殖巢而進行的捕捉，因此也可降低資源的過度耗用。</td></tr>
<tr><td>商品名稱</td><td>花枝卵或墨魚子（卵巢與纏卵腺）及花枝膘（精巢）。</td><td>烹調形式</td><td colspan="3">將以汆燙煮熟的食材復熱並調味。</td></tr>
<tr><td>可食部位</td><td>全數可食。</td><td>可見區域</td><td colspan="3">臺灣東北部、西南部與離島澎湖等地。</td></tr>
<tr><td>品嚐推薦</td><td colspan="5">臺式料理中多將花枝卵與花枝膘以辛香料搭配醬油及料酒快炒後品嚐，或直接將經汆燙後的食材佐以芥末油膏或薑絲與醬油。江浙或上海餐館則多會以墨魚子蒸魚或是與肥嫩的五花肉同燒，並藉由濃油赤醬的調味風格，展現鹹香風味下的醇厚口感。</td></tr>
<tr><td>推薦料理</td><td>冷盤、乾煸、快炒或燉滷。</td><td>行家叮嚀</td><td colspan="3">依種類不同，多有明顯的產期產季，而且相關收成多須搭配穩定海況、豐富收成以及加工打理方能產出。</td></tr>
</table>

雨來菇　有雨自來

名為菇但卻並非蕈類，反倒是陸生的藍綠藻，不過更迷人的名稱是「情人的眼淚」。以往多是原住民順手採摘的風味取材，如今卻已是商業大量培育、從產地花東銷往全國的常見食材。大火爆炒，打顆雞蛋增加香味，並在芹菜與九層塔的提香下，多有介於海藻與木耳間的細緻迷人質地口感。

不論就外型或是雨來菇這名稱，總難參透這碧綠的食材究竟何物，所以乾脆給它個「情人的眼淚」，讓人們在品嚐前，對它有著更諸多的揣測與想像！特殊的藻香味，搭配隨加熱時間不同而持續變化的微妙口感，的確品嚐起來，正如名稱一般夢幻撩人。

雨來菇不論就外型、質地與觸感，多與類似形態精緻的川耳相似一般，只是相較於相對素以質地多顯脆硬鮮爽的川耳或銀耳，雨來菇不僅顏色碧綠誘人、口感軟滑，外型在質地上卻多為厚薄不一的有增厚膨發狀，或是帶有如皺邊般的細膩模樣，往往能與稍顯脆彈的木耳輕易區分。重要的是，不僅顏色碧綠誘人，同時口感也更顯軟滑。特別是隨著濕度、雨量、光照與底質的不同，富於經驗的原住民或是專業的栽培農場，總能把握最佳的賞味期限，從收集、儲運、銷售乃至烹調，讓雨來菇的獨特風味與口感完美呈現。相較多年以前的罕見昂貴，如今多可相對普及廣泛的供應，也讓雨來菇的美味料理，不僅出現在部落餐桌上，如今在海產熱炒店、傳統市場與生鮮超市中，都也可見到這種造型特殊的風味食材。

雨來菇外型與質地類似海藻，觸感與質地卻似真菌，實則是一種主要棲息於潮濕環境上的藍綠菌（或稱藍綠藻）。其以光合作用將光能轉變為化學能，以利於成長與儲存養分，產生藻色素，使得雨來菇因其有著獨特的顏色與口感。

主要生長在溼地或土壤表面的雨來菇，生長的狀況會受環境光照、溫度與溼度的影響。之所以稱為雨來菇，便是因其多現身於大雨之後，且環境中充滿飽和水氣、充足日照乃至溫暖條件的氣溫之下，也多是刺激快速生長的誘因。也由於此時，伴隨大量霧珠水氣，同時透著陽光、閃爍著晶瑩剔透質地的它們，也難怪有著「情人眼淚」的美稱。不過，隨著陽光照射與風力吹拂，當空氣與地面的濕度持續下降且溫度漸有增高之際，它們便迅速萎縮而不易見得。這種特殊的樣態、生長環境與難以掌握的身影，搭配獨特的觸感質地，也因此被稱為「地皮菜」、「綠寶石」或是「地木耳」等。

質地細緻爽脆柔滑的雨來菇，可以以清水漂洗並利用重力除去異物後，直接涼拌，或常用於加入雞蛋大火快炒，讓原本稍顯單調的風味與因受熱而萎縮的樣貌，藉由雞蛋助拳而提升香氣並修飾口感。在具有類似環境條件的地區與國家皆算普遍常見，但食用狀況卻差異甚多；日本、中國西南與東南亞，偶做涼拌或醃漬使用，歐美則幾無品嚐利用。

雨來菇僅生長在肥沃且充滿有機物質堆積的地面表層，加上其大量且快速的生長必須伴隨光照、溫度與溼度三者的微妙搭配，因此相對於以往總從野外環境採摘，但數量與供應狀況往往必須仰賴天候，如今能妥善控制濕度、溫度與光照，甚至通過安全檢驗。近來雖有專業農場進行相關培育，但正如許多大型藻類或蕈菇一般，只要能掌握其生長特性，往往可以持續的大量產出。只不過這些生物對於環境條件相對敏感，更遑論來自家庭、工業或其他複雜來源的環境汙染，因此除不如一般常見流通的大宗蔬果食材，能夠穩定持續的普及供應，包括其特殊的顏色、質地與名稱，也尚未進入家庭餐桌，成為可方便料理與品嚐的食材。

簡單的清水漂洗，可以確保其飽含水分的鮮爽口感不受加熱破壞，而隨著加熱，則可見到受溫度與時間加乘作用下的雨來菇，不論在質地、顏色與口感上皆有持續變化，而其中入口時的軟硬乾濕，則悉聽尊便可自行決定。偶爾在市場中尋獲購得的雨來菇，建議最好當天吃完，若有剩餘，也應拭乾多餘水分或避免過多水分浸潤下，密封後冷藏並儘速食用。

口感鮮爽同質地細膩的雨來菇，很適合以清水漂洗或後略以滾水焯燙過，直接添加滋味酸香的醬汁涼拌品嚐。醬汁成分包括可以味醂、薄鹽或甘口醬油為基礎，且可以再隨個人喜好加入蒜末、香菜或香油。只是，醬汁風味愈單純，愈能在舌尖、齒間與口腔之中，感受這種陸生藍綠藻的細緻口感。生食鮮爽並具有豐富汁液與相對明顯的藻類腥香，而略以滾水焯燙過，並迅速放入涼水冰鎮，則因質地會收縮，而更顯脆彈；至於持續久煮，則終將成為一鍋濃稠，而可以毫不費力的一口飲下，或作為健康的特色飲品。

不論是標榜部落風味的原住民特色餐廳，或是臺灣街邊與夜市隨處可見的海產熱炒，取材雨來菇的美味料理也隨人工培育而如今相對普及。一般料理多採大火快炒，並先以一、兩枚雞蛋、或偶有添加肉絲並伴隨蒜末先在鍋中炒香，隨後再加入雨來菇快速拌炒，以保持食材的清爽翠綠，以及兼具香氣、口感與分量的平衡表現。

同場加映

雖名為雨來菇或地木耳，但實則為陸生的藍綠菌（或藍綠藻）而非俗稱為蕈菇的真菌類，所以雖說外型與質地類似木耳，但一經加熱後所釋放出的藻類腥香，則多讓人一聞一嚐便知分曉；而那類似於石蓴或滸苔般的質地與氣味，便直接透露出這特殊食材的組成由來與神秘身份。或許很多人會對於出現於三餐菜式中的藻類感到好奇甚至驚訝，但其實營養豐富且擁有豐富膳食纖維的藻類，早已頻繁的出現在一般日常飲食，特別是別具分量、厚度與特殊風味的大型藻類，更是多為兼具美味、營養與品嚐樂趣的特色食材。從乾製後僅需略為加熱釋放腥香便能食用的紫菜與紅毛苔，到經水發後供作涼拌或是煮湯的珊瑚菜，與俗稱為海帶並具有多種式樣的昆布等，也都是方便購得、可簡易操作便能直接享受美味的高纖食品，就更別說萃取自藻體中大量藻膠所製成的洋菜與寒天，已然成為保健減重的常見選擇。

快速檢索

學名	*Nostoc commune*	**分類**	念珠藻屬	**棲息環境**	潮濕地表
中文名	葛仙米藻	**屬性**	原核生物	**食性**	光自營性
其他名稱	英文稱為Star jelly或Witch's butter。				
種別特徵	陸生藍綠菌（或藍綠藻），主要生長於濕度飽和、充滿非直射性陽光，同時通風並略為溫暖的環境；多在雨後出現，因此被稱為雨來菇，藻體形態、顏色、質地、厚薄與大小，則與環境條件密切相關。極易因為高溫、強光或是乾燥而萎縮，並對環境中之化學成分相對敏感。				
商品名稱	雨來菇、情人的眼淚、綠寶石、地皮菜、地木耳、雷公菜。	**作業方式**	以往多在特定時間與環境下以人工採集，目前則有專業農場進行培育。		
可食部位	去除介質並洗除雜物後之全部藻體。生熟皆可。	**可見區域**	臺灣四周，但多以有雨後雷陣雨或氣候相對溫暖的南部為主。		
品嚐推薦	涼拌、氽燙、快炒與煮湯；但因為風味淡雅、質地細緻且具有藻類特有的腥香，因此為避免初次品嚐不易接受，故多會以風味酸香的醬汁涼拌或醃漬，不然則是在快炒時添加蛋液、肉絲或辛香料增味提香。				
主要料理	生食、氽燙後涼拌或快炒，亦有燴炒湯菜或煮湯。	**行家叮嚀**	建議初次嘗試可以快炒為主，較容易接受其特殊的口感與風味。		

海香菇　葷素不分

厚薄不一的捲曲外形，搭著總是黝黑卻又透著光澤與彈性的質地，不時表面還有深淺相見的紋路，實在讓人難以猜想取材何處；特別是容易讓人誤解的名稱，稍不注意還不免讓茹素者壞了清規戒律。大型頭足類加工後取下的皮層，若沒有痛風宿疾困擾，以鮮香辛辣調味炒上一盤，單吃或佐餐配飯與下酒消夜兩相皆宜。

香菇不僅是茹素珍品，以其特殊質地與鮮香而著稱，特別是經過乾製後的香菇，不但經久耐放，同時風味較鮮品更顯濃郁，況且僅需以簡單的溫水泡發復軟化，便可廣泛應用於各式餐食菜色料理之中。只不過，這以「海香菇」稱之為名的食材，僅有顏色或形態稍稍相仿，追根究底，可與香菇大異其趣，根本不是一個來源！

除非鄰近相關取材的捕獲地或加工生產地周邊，不然這類來源、形態與質地多顯特殊的食材，由於多半以在海鮮熱炒或標榜特色海味的餐廳料理販售出現，鮮少在傳統或一般超市販售，因此不免多讓人感到陌生。格外是在銷售時還以其顏色與型態取名為海香菇，甚至還多切割成難以辨識的外形，所以經常讓人混淆甚至感到不解。其實海香菇是來自花枝或大型魷魚的皮層，雖然相關種類那雪白而飽滿的肉質，多是一般常見食用取材，且口感風味還算熟悉，然而加工後產生那層帶有韌性的表皮，卻鮮少作為一般食用，但卻在冠上特殊名稱吸引好奇，並搭配鹹香調味，成為海產店中不時可見的特色料理。

俗稱海香菇的花枝皮，其實是花枝加工過程中的副產物。以往多直接攪打成為水產飼料中的生餌，近年由於多有特定應用形式，所以成為食材，或供作提煉特定物質的原料。花枝屬於中大型的頭足類，相對於同屬軟體動物的章魚，花枝具有八只短腕與兩隻可以明顯延伸的掠腕，而與同樣具有十只腕的鎖管或魷魚，花枝則具有相對圓胖的體型，以及圍繞在胴部周緣的肉鰭。本地常見的食用種類包括真花枝與虎紋花枝，他們除擁有快速的變色能力，高度的智商與學習能力也是近年備受關注的研究主題。

頭足類的皮層擁有豐富的色素細胞，因此在活生時，多可藉由迅速的變色或調整明暗，做為傳遞訊息的媒介；而皮層厚度則隨體型分量增加而愈顯厚實，可惜因其不免影響口感，所以在料理與加工前，皆會加以撕除。大量加工產生的花枝皮，在商人的突發奇想與不斷試驗後，開發成為口感脆彈的特殊食材，而以其外型、顏色與質地所冠上的「海香菇」之名，亦不免讓人因好奇而想一探究竟。

頭足類的食用在全球皆有，但隨宗教信仰、風土民情、飲食習慣與口味偏好而具明顯差異，在歐美部分地區，這類長相怪異且來去神出鬼沒的頭足類，多與魔鬼或外星人的意象產生莫名連結，因而讓相關食材在歐美食用，多以除去表皮、頭部甚至是腕等別具口感與品嚐樂趣的部位，而僅食用潔白且富於彈性的胴部肉質，烹調方式則以烹炸、乾煎或烘烤為主，部分體型小的種類則亦有以香料油醃漬的調理。

華語上多以花枝、墨魚或烏賊表示的相關種類，在東南亞一代帶則將悉數種類的頭足類稱為「蘇東」。小型花枝或墨魚的多以汆燙後搭配滋味酸香的五味醬或芥末醬油品嚐，而中型漁獲則有乾煎、快炒或燒烤等料理方式，或是取用質地厚實的胴部，刻花後快炒，表現於例如爆雙脆、或生炒花枝等料理。至於，大型的花枝，則多用做燉滷，並多在年節喜慶中與其他食材搭配組成豪華精采的拼盤，甚至在煙燻後切片成為樣貌與口感類似鮑脯的替代品。

花枝外皮柔韌且緊緊黏附於體表，因此處理花枝時前，多半先行宰殺，待大部分的內臟與分切部位處理妥善後，方才撕除這稍有厚度與韌性的皮層。

宰殺時會先在兩眼下方分別劃上一刀，然後將不具食用價值的眼睛除去，隨後則是由腹面中線下刀，將胴部打開以去除不具食用價值的內臟；但若剛好個體達到生殖成熟，並已有別具夠分量的生殖腺或纏卵腺等，則多是意外的驚喜與難得風味。內臟移除後緊接著會去除貼近背側的一個長橢圓形果核狀的骨質海螵蛸，然後則是將位於個腕基部中心，俗稱為龍珠的口球並將其內部一對如同鳥嘴的喙狀齒取出，然後分切部位的邊緣，開始除去分別位於胴部與肉鰭處的表面皮層。

在批發市場所見或海產攤上陳列的海香菇，為保持形態並確保鮮度與口感，因此多經熱水氽燙後再以冷水漂洗，並保存於水冰之中，等待販售或後續料理使用。因此多可見到其多有因為受熱收縮而增厚並捲曲的形態，同時顏色暗沉，甚者隱約可見活生狀態的深淺相間的斑紋。但亦有為方便販售與料理，甚至是以涼拌調味的即食品形式供應者，還多將其切成薄片狀。不過，也讓食材不論就大小、切片前、切片後，質地甚至是表面暗沉但卻切面潔白的樣貌，看來就像香菇一般。只是要提醒茹素者，海香菇係屬葷食，切莫因為名稱相仿或一時不察而誤食。

常見的品嚐方式除以滋味酸香的醬油、醋汁與香油調勻，並搭配諸如蒜末、蔥花或香菜等，將氽燙並切片後的海香菇拌勻入味並冰涼品嚐，也有的僅是改刀後以滾水快速焯過後，蘸以五味醬或芥末醬油食用。快炒店則為表現海香菇的脆彈口感，並以風味鮮明的調味賦予鮮香，同時遮蓋那暗沈甚至黝黑的外觀，因此多好以三杯調味呈現，或搭配辛香佐料與沙茶快炒，鹹香有餘，佐餐配酒皆宜。

同場加映

體型偌大的花枝，除可用於燒烤、乾煎或是燉滷外，經過適當分切或區分特定部位而販售的商品，也多是創作別具風味口感甚至品嚐樂趣的絕佳食材取材。例如滿是吸盤的腕足，除適合氽燙與快炒外，裹上顆粒明顯的樹薯粉酥炸後撒上胡椒鹽品嚐甚佳；而俗稱龍珠的口球，由於一尾僅有一粒，因此千萬不可錯過。而頭部的軟骨有著極為鮮明的硬脆口感，除適合炒食或三杯外，切成碎粒後添加於諸如花枝丸或甜不辣等魚漿煉製品中，也能讓入口咀嚼時更顯層次。至於僅在特定時間或區域方才可見到的花枝籽子、精巢與纏卵腺，則是罕見的珍味，簡單的鹽水氽燙便有極佳風味，而將與肥軟的五花肉搭配醬油一同紅燒，更有迷人滋味。

快速檢索

學名	*Sepia pharaonis*	**分類**	軟體動物	**棲息環境**	沿岸、淺海
中文名	虎斑烏賊	**屬性**	海生頭足	**食性**	動物食性
其他名稱	英文稱為Cuttlefish，日文漢字以烏賊表示。				
種別特徵	外型相對渾圓，並具有圍繞在胴部兩側的周緣性肉鰭；近背側處有一堅硬但質輕的螵蛸，其末端是否具有尖刺或是否突出胴部，則是種類分辨的重要依據。體色會隨環境與個體情緒而時有明暗深淺與紋路的變化，但多以致密的橫紋為主。				
商品名稱	花枝、烏賊、墨魚，海香菇則取自表皮。	**作業方式**	多以圍網、拖網或誘釣捕捉。		
可食部位	肉鰭、胴部、腕足、口球、皮層與生殖腺（含精、卵巢與纏卵腺）	**可見區域**	臺灣四周沿海，包括本島與離島；年節前需求量大時另有東南亞輸入冷凍漁獲。		
品嚐推薦	涼拌、汆燙、快炒與烹炸，或與油脂含量較高的五花肉紅燒及燉滷。				
主要料理	汆燙後涼拌、快炒或三杯。	**行家叮嚀**	留意相關食材中有相對較高的嘌呤以及膽固醇，在食用量與頻度上請稍控制。		

海大麵

賞味趁早

以其絲絲縷縷相互交纏，所以稱為大麵，而其主要使用，自然同樣以「大麵炒」夙負盛名的基隆到東北角一帶為主。海大麵實則為生產於近岸淺水的藻類，然藻體外形、顏色及軟硬厚薄質地，則隨季節海況不同具有微妙變化。熱油爆香蔥薑與些許肉絲，或以雞蛋提香，拌入海藻快炒盛盤；趁熱品嚐，方能感受清香脆爽。

乍聽之下是道主食，但實則為在沿岸淺水處季節性生長的海藻，只是因為外型類似一縷縷的麵體，因而得此稱呼。不過就算讓人誤解，其鮮爽口感、湛青碧綠的顏色與濃郁的藻類芬芳，相較於具有相對糖分與熱量的澱粉製品，仍讓許多人樂於將之視作主食正餐，營養膳食之餘，還多享受特殊口感與品嚐樂趣。

海大麵的藻體約莫一到二個食指長度，但粗細寬窄乃至藻體邊緣的鋸齒狀延伸，以及質地的厚薄軟硬，卻隨季節時令、採集海域以及海況天候不同而有明顯微妙差異，同時也影響著烹煮後的風味與口感。快速生長的藻體會有柔軟單薄的鋸齒狀延伸，在外型上正如俗稱百足蟲的蜈蚣一般，因此也有人將之稱作蜈蚣藻，不過相對於海大麵，顯然後者更為親切且令人安心，不會因為名稱讓人驚恐而影響食慾，甚至勾起嚐鮮一試的念想。藻類雖具有類似植物的外型、質地乃至口感，但實則與植物多所不同，除藻體依外型、功能與部位區分為對應植物葉、莖與根的葉狀體、柄與附著器外，同時其繁殖方式與世代交替也與植物迴然有異。不過相同的卻是同樣豐富的膳食纖維素，以及隨種類不同而呈現的顏色、質地與氣味，因此成為講究飲食風味，同時又希望能夠兼顧健康的現代人的常見餐食選材，做為主食、盤飾或加工皆宜。

全球各地皆有食用海藻的飲食習慣與風氣，甚至在氣候與海況條件適合，具有多種食用藻類生產的國家，除在特定季節採集紅藻、褐藻與綠藻食用外，還不乏以人工方式採種或搭設繩索與棚架，目的便在於可以在有限的時間與空間中，盡可能的生產並持續供應這些質鮮、味美且富於特色風味與料理變化的食材，且多有利用加工保存並延續這氣味特殊的藻類。

可惜藻類出現季節不長，特定種類多有此消彼長的有限產期限制，同時新鮮藻體保存不易，一旦藻體退鮮腐敗後往往多產生令人不悅難以接受的氣味與怪異口感，因此濱海居民除把握時令，享受隨季節更迭的風味，同時也偶有利用曝曬乾製或是醃漬，以方便保存或延長賞味期限；前者例如褐藻中的昆布，後者則如混和合椎茸製醬的紫菜等。惟海大麵主要享受的是那咀嚼間釋放鮮爽彈性的特殊口感，因此多以鮮品為佳，僅極少數會被乾製後再經泡發，而作為沙拉配色、盤飾或醋漬調味品嚐。

若要享受藻類的特殊口感與藻類特有的腥香氣味，所有工作必須從挑揀做起，並且充分落實除去藻體中異物的清理的工作。而所有藻類的處理原則都是必須充份洗淨，尤其是愈顯新鮮的藻體，愈能展現品質價值與特色，因此選擇時以顏色明亮、具有光澤同時藻質地脆硬具彈性者為佳。不過由於海大麵的藻體多呈現極其複雜的分枝，與錯綜複雜的交疊，所以最好的方式，便是在具有一定體積或深度的水槽或水桶中，藉由完全的浸潤、不時的擾動，並搭配重力，來讓存在於藻體中的異物可以自行落入至底部。此外，在打理時也多必須找尋接近附著器的部分，並剔除質地過於堅硬、影響口感甚至帶有些許砂石礫或礁岩石表面的相關部位，以免無法在大口嚼時食痛快品嚐之際，或是不慎被夾藏其中質地堅硬的螺貝或岩屑崩了牙口。而海藻亦為許多小型生物躲藏、覓食甚至附著的良好環境，因此務必耐住性子妥善打理。

海產店多有供應的炒海菜，其中取材多依據季節時令不同，而在種類組成上或有差異，例如有時可能是質地爽脆的「茶米菜」，有時則可能是口感細緻的「海大麵」或是「巧味芽」（海產店裡的龍鬚菜[13]）。一般炒海菜，多半講究的是熱鍋大火，先將薑絲、蒜末與些許辣椒爆香後，然後加入些許肉絲與一枚雞蛋快炒，待能聞到熗鍋的香氣後，再將俗稱海菜的藻類放入鍋中後，快速翻炒一番，同時點上些許料酒後起鍋成盛盤，前後往往不到五分鐘的時間。

之所以掌握時效，主要原因便在於藻體多隨高溫逐漸軟化，甚至釋出藻膠，所以若炒製時稍有拖延遲疑，或在鍋中稍稍燜煮，原本鮮爽脆彈的藻體，往往變成糊爛一鍋。也因此，海大麵若一上桌，建議應立刻品嚐，以免餘熱讓藻體持續軟化，或讓使特殊口感及風味大打折扣。炒製時多會以大火熱油，並加上肉絲與雞蛋熗鍋，主要原因便在於除可除去生鮮藻體多顯的特殊腥澀，菜色中加入因此若有肉蛋增香調味，不但還能有效化解海藻稍稍明顯的鹹澀與腥味，同時還能呼應風味與顏色，讓人食慾大開。

同場加映

由於保鮮不易且不耐運輸，所以新鮮藻體多罕見於傳統市場，更別說遠離海濱的都市，雖然偶爾可在超級市場見到販售加入海藻的沙拉或冷菜小點，但多屬裝點盤飾性質，其中使用也多為乾製後復水泡發的乾製品，不論在口感或氣味上都遠遠不及鮮品，而只能聊勝於無的品嚐。因此若有機會臨近海濱，不妨可問問店家是否供應海菜，特別是隨季節海況不同，有可能是腥味濃郁而炸成餅狀品嚐的絲狀海藻，也有可能是滋味酸香用做涼拌的「茶米菜」，更可能是紅綠相間的不同藻類組成，或醃漬、或涼拌或快炒的鹹鮮風味。搭配著時令海鮮一同品嚐，不但可呈現多樣風味，同時營養均衡——賞心悅目之餘，還能補充天然優質膳食纖維。

13 海產店中的龍鬚菜，多指供作食用的藻類；而一般市場的龍鬚菜，則是佛手瓜的嫩芽與嫩葉部分，兩者不同。

快速檢索

學名	*Grateloupia filicina*	**分類**	紅藻	**棲息環境**	沿岸淺海
中文名	蜈蚣藻	**屬性**	原核生物	**食性**	光自營性
其他名稱	佛祖菜、紅帶、麵菜、海大麵、菩提藻。				
種別特徵	藻體隨光照、溫度與營養鹽不同，生長形式多有差異，但一般呈現細長並在兩側具有延伸的細芽狀特徵，因此稱為蜈蚣藻。生鮮時為紅色，但經氽燙殺青後則呈現翠綠色澤。				
商品名稱	海大麵、麵菜、海藻。	**作業方式**	需仰賴人力徒手採集。		
可食部位	去除附著器後的藻體。	**可見區域**	臺灣東北部、東部與離島；品嚐風氣以東北角及基隆為盛。		
品嚐推薦	一般多以大火熱油在鍋中，搭配爆香後的蔥薑蒜、肉絲與雞蛋，偶爾還會加上肉絲與辣椒調味提鮮。也有將藻體殺青後，以口味酸香的油醋醬，或風味清爽的柚子醋，搭配其他時令蔬果一同品嚐。				
主要料理	快炒、涼拌。	**行家叮嚀**	快買、快煮與快吃，方能享受鮮爽口感。		

腳白菜、青海菜　季節專屬

期間限定的海濱風味，必須是恰到好處的溫度、光照與潮浪拍打，方能在季節交替時，嚐到這薄如蟬翼，但卻又絲滑細緻並帶有濃郁藻香的特殊食材。與魩仔或鱙仔煮成羹湯是享受風味的基本款，或可拍打成薄餅後裹上粉漿酥炸，而熱水汆燙後立即放入冰水中鎮著常保翠綠，簡單果醋一拌，鮮香清爽入口即化。

多數見到的青海菜，多半是已然經煎炸，不然則是煮成羹湯的樣態，所幸高溫並不會破壞那原本青翠的顏色與細嫩口感，甚至是獨自料理或搭配魚鮮後愈顯鮮美。而目前妥善的冷凍包裝，也方便人們隨時隨手簡單料理，立即品嚐海濱鮮香滋味。

怪的倒不是樣貌與顏色，而是質地以及口感。多數藻類依據藻色素比例不同，將之區分為紅藻、褐藻與綠藻。其中質地與顏色相對穩定的綠藻，不論成長階段、生熟或以不同方式處理，都因不易於高溫所破壞，所以呈現較褐藻與紅藻相對穩定的翠綠色澤，俗稱青海苔或青海菜的此類即屬之。

然而很多人因為見到其為明亮青脆的綠色，便將之視作植物，但殊不知在生物分類上，藻類即便有著類似植物的外型，也多為可行光合作用的自營性生物，但卻被歸納在原生生物之中，其中甚至不乏像俗稱海帶的巨藻（kelp），擁有驚人的成長速度與十足體型。

青海苔總是在仍有涼意的初春，隨著日照時間漸長與水溫和緩上升時逐步萌發並迅速成長，並為海洋生物與人們帶來季節專屬的鮮美。

國內因為四面環海且季節區分尚稱鮮明，特別是分別來自北方與南方的洋流及其支流，以及秋季以後至翌年冬春兩季隨東北季風襲來造成的溫差，因此讓沿岸藻類組成存在豐度與多樣性，其中東北角、北海與離島澎湖，更有著令人驚豔的多種食用種類，因此也在當地衍生出許多別具風味與口感的海藻料理。

藻類的出產、料理與品嚐，十分講究季節與海域，因此雖在歐美或日本料理中，或有以使用諸如裙帶菜、紫菜或是水雲等藻類為料理品嚐取材，但多做調味與盤飾，相關利用仍相對有限。或是相關種類的利用，與其食用品嚐，不如作為妝點盤飾或是偶爾搭配其他食材一同品嚐來得常見。

臺灣各地利用藻類尚稱普及，一來是國內原本即有廣大的茹素者，藻類自然是健康且別具風味的食材。二來則是隨健康飲食風氣使然，也越來越多的人在一般日常蔬果的選擇外，加入同樣具有豐富膳食纖維，或以特定微量元素含量著稱的藻類。更別說隨地點不同，而分別可在東北角、東部與澎湖，分別嚐到的炸海菜餅、涼拌或炒海菜，以及搭配小魚或蟹肉滾煮的海菜湯或海鮮羹。

青海苔的質地細軟，雖然廣泛著生於岩石表面，在水下亦隨海潮搖曳生姿。除非來自以繩索或籠具的養殖培育，否則若要自野外環境採集，往往必須耗費龐大勞力，同時還得算準潮水，並留意溼滑地面與凹凸不平的礁岩，方能取得足夠一餐的青海苔。而在市場或超市中盒裝販售的青海菜，則來自擁有豐富經驗與技巧的專業採集，因此雖是小小一盒，卻有著實屬不易的取得來源。

一般附著於岩石表面的青海苔必須多以鐵片或厚質殼貝，在岩石表面來回刮取，然後再於海水或帶有鹽分的清水中漂洗，以去除混雜於藻體舒展以利挑出混雜其間的髒汙外，也順道並利用重力讓諸如岩屑砂石與躲藏其間的螺貝與蝦蟹等異物自然沉底，如此輕柔抓洗並重複換水數次，再分成小包或盒裝後冷凍保鮮。

青海苔隨種類組成、季節時間與環境滋養條件不同，或呈細絲狀、薄片狀甚至中空的管狀，但惟質地皆屬細柔，因此除適於包括醃漬、烹炸與滾煮等多樣料理外，也有添加於水餃餡料之中。

歐美地區雖偶有食用，但相對於飲食取材，更多用作於工業、食品加工乃至科學研究之上，食用藻類的風氣與料理應用遠遠不及亞洲及華人地區。日本與韓國的藻類利用多以生食或調味為主，前者主要享受隨種類不同的口感差異與品嚐樂趣，而後者則利用藻類特殊的色素與胺基酸組成，藉以展現鮮食、釀造甚至發酵以後的風味。

青海苔在國內的品嚐多以涼拌、酥炸或是煮湯為主，從地方特色小吃，到海產店炒供應，乃至專擅海鮮料理的餐廳中亦常可見到相關利用。例如在東北角多可見到的炸海苔與魩仔魚海菜羹，也有以爆香後的辛香料大火快炒，展現精準掌握火候下所呈現出恰到好處的脆度與顏色。而近來則有部分日式居酒屋、料亭與懷石料理，或專注使用本地食材及創新風味的私廚，會將當令盛產與鮮採的青海苔，以類似日式料理中醋漬水雲的方式調味，以鮮爽滑嫩的青海苔作為替代，亦別具風味與品嚐樂趣。

同場加映

青海苔不僅人們懂得欣賞，在沿岸環境中諸如黑毛、白毛或臭肚等藻食性魚類也十分愛吃，所以在早春或秋末於礁岩磯岸垂釣的好手，總會先採集絲狀或薄片狀的綠藻做為誘餌，吸引這些貪嘴好吃的魚兒上鉤。而這些素來以藻類為主食的魚類，也因為此在質地間總帶有一著股藻類的鮮香氣味，因而受到識貨懂行的吃主偏好。

雖多數料理方式多是將青海苔伴隨魚丸或魩仔魚煮湯，前者在品嚐前撒上白胡椒後清爽鮮香，後者則因勾芡與海苔釋放的藻膠而愈顯濃稠滑潤，但總不及將體型適中的手釣黑毛或白毛切塊，或整尾臭肚下鍋，滾開後放入薑絲、點上些許料酒並調味，然後再放入翠綠的海苔些許，不但賞心悅目，風味更是鮮上加鮮，好到不行。

快速檢索

學名	*Enteromorpha*屬 或*Ulva*屬	**分類**	藻類、 綠藻	**棲息環境**	潮間帶、 著生
中文名	海藻海苔；滸苔； 青海苔	**屬性**	原生生物	**食性**	光合作用
其他名稱	青海菜、青海苔、滸苔；英文寫作Ulva。				
種別特徵	隨種類、環境條件與季節時令不同，多有絲狀、薄片狀或中空管狀等不同型態；顏色翠綠且質地柔滑，惟不耐常溫保存，因此採收後便旋即冷凍保鮮。				
商品名稱	青海苔、青海菜、海藻	**作業方式**	退潮時以人力刮取採收。		
可食部位	藻體	**可見區域**	北海、東北角、花東與澎湖。		
品嚐推薦	把握主要盛產的春季，以及或有少量且短暫生產的秋末冬初，便可在主要生產與具食用風氣的北海、東北角與離島澎湖，品嚐分別以不同料理與調味方式呈現的特殊風味。目前則有冷凍商品，方便一年四季料理品嚐。				
主要料理	生鮮涼拌、酥炸或煮湯。	**行家叮嚀**	料理前應充分漂洗去除異物，但品嚐時亦需留意，以免傷了牙口。		

星蟲

不如不見

雖然顏色是淡雅的粉紅至芋紫色，但整個如同蠕蟲般的外觀，還是別在品嚐前看見或知道好。不論是因為美味勇於嘗試，或是想要感受那風味以外的調理滋補功效，反正囫圇下肚或細細品嚐那豐富膠質的彈脆口感後，待完全下肚並消化後，再去了解不遲。

頗為夢幻的名稱中，因為依舊有個蟲字，所以多數時候，星蟲他被稱為「土筍」，以避開那個令人心生畏懼的「蟲」字，然而同時經過充分打理與烹調後，外型也與原貌天差地別，方便讓許多人痛快品嚐，並享受那細緻有著清脆的鮮爽口感——建議先吃再說，吃飽喝足且充分消化之後，慢慢了解認識不遲。

名為星蟲，且外型一如昆蟲幼生般，呈現蠕蟲狀，但卻是棲息於海洋，甚至多數時間躲藏於砂層中的特殊生物；或說具有白綠粉紅至灰紫色體色的他們，不論就外型、生態與棲性，都與蚯蚓極為類似。這些被稱為土筍或星蟲的特殊生物，因為具有特殊口感與食用價值，因而成為福建沿海一帶，包括馬祖、金門與廈門等地極受歡迎的特色吃食。不但風味形制特殊，同時更因為保留特殊製法與販售方式，而成為造訪當地的必嚐美味。只不過棲息於砂層中，並以過濾砂層中有機碎屑與微小生物的星蟲，因為體內消化道中含有大量泥沙，加上採捕過程總不乏沾染爛泥或石礫髒汙，因此在處理時極為耗時費工，且因無法以機器處理，所以得完全仰賴人工。但無奈那風味口感甚是誘人，或是人們總認為這造型特殊的生物或食物，總有特殊的滋補或調理功能，因而在享受風味以外，又多了一份妙不可言的遐想。

俗稱土筍的星蟲，在品嚐方式上主要分鮮貨、加工與乾製，其主要表現方式分別為大火快炒、遵循傳統作法成為樣貌與風味饒富傳統與趣味讓人好奇的凍食，以及用以烹製燉品湯點。不過這類取材吃食僅限亞洲地區，同時又以東南亞與中國東南沿海為主，在廈門、福州，以及馬祖與金門等地，都可以見到星蟲烹製的特色料理。而在這些沿海地區中，從頗具規模的大型批發市場，到僅為滿足當地居民日常飲食的傳統市場中，也多可見到鮮活、已經充分清潔打理與乾製的各類商品。當然，亦不乏在晚間至深夜，敲著小瓷杯並拎著保溫壺的小販，藉由短促清脆的撞擊聲響，搭配上簡單的低沉吆喝，提醒此刻肚中饞蟲難耐的未眠人們，可以以此風味小點，享受這取材特殊有趣的傳統小吃。

以往人們多自質地細緻且鬆軟堆積的砂層，分別利用具有刺激性的稀釋化學物潑灑，讓受不了刺激的星蟲紛紛鑽出，隨後以利輕鬆加以捕獲。不過現今的採集，為避免汙染，除了多以水柱沖刷一定深度的泥砂層，讓暴露行蹤的星蟲伴隨水流引導，搭配網具收集中手到擒來，相對不影響棲地環境。另一則是受消費市場持續需求，以及近年價值連番上漲之故，所以除有先前的持續保護、培育與增殖放流外，目前亦有因應商業需求的養殖培育，不但讓數量、體型與品質更顯穩定且出色，同時食材供應也相對不受季節、氣候與海況所影響。不過星蟲最麻煩的地方，還是在於因為潛藏於砂層中，並與過濾砂層中有機碎屑的食性有關，所以在打理時，多半除需要藉由一根如筷子般長短粗細的棒狀物，由一端刺入並順勢將星蟲翻面，然後充分清理消化道與空腔中可能夾藏的砂礫與髒汙，而處理完畢的星蟲，則多如洩了氣的氣球一般顯得乾癟，不過隨後的烹調處理，則多能藉由大火熱油的迅速收縮，恢復彈脆口感。

因為星蟲外型實在特殊，甚至那體型大小、外型質地乃至顏色，以及在水中或砂層裡的樣態，實在詭異甚至不免讓人感到噁心。多數在沒有見到食材原貌或活體，單單品嚐星蟲料理的人們，不論所吃的是土筍凍或是快炒星蟲，總難事先或當下察覺這食材來源與奇特樣貌的奇特之處，甚至難以藉由打理、分切或加熱後，一窺幾乎已充分改變原形後的奇特樣貌。而那軟滑脆彈的細膩口感，也多經常讓人將之誤認為是魚腸、雞腸或是經過片切的鎖管或花枝。

取材星蟲製作的料理，最傳統者自然是以小瓷杯盛裝並待其放涼後定形結凍的「土筍凍」。這道傳統的吃食，多半是旅途期間在金門或廈門品嚐所得，而一般餐廳中，則會以經過打理的星蟲，伴隨芹菜管或韭黃段及蔥薑蒜並以大火熱炒，或者加在別具當地風味的炒粿條或煮麵燴麵中，而乾製後的星蟲乾則會與母雞或排骨同燉，展現海陸雙鮮的迷人滋味。

同場加映

在中國東南沿海，或是臺灣金門與馬祖，因為特殊的地理位置、風土文化關聯與口味吃食，所以雖然僅有狹隘的海峽相隔，但在旅遊或生活時，卻可感到與臺灣本島顯而易見的差異，特別是口語發音、飲食取材與烹調風味上，往往讓人留下深刻印象。沿海居民或許因為方便取得的各類漁鮮，或是深諳各類食材特性風味，因此總能信手捻來，便是滿桌令人驚豔的新鮮海味。例如俗稱「筆架」或「佛手」的龜爪藤壺、或稱為以「火山」稱之的藤壺，以及暱稱為「海鋼盔」的笠螺，加上許多名不見經傳的各類蚌類螺類等，簡單的鹹水汆燙或焯煮，便是揭開之後美味一餐的開胃小點。隨後各類自淺海處以手撈、陷阱採捕或隨手釣獲的小魚，也可以藉由包括乾煎、快炒、乾煸或煮醬油水等不同調味，盡可能保存食材迷人原味外，還讓適度的鹹將鮮甜襯托得更顯誘人。

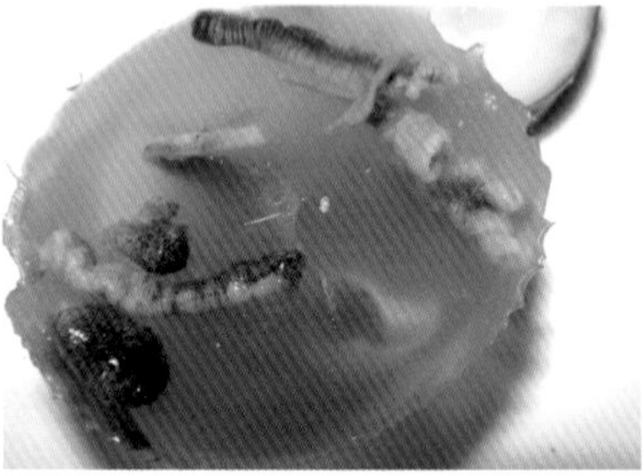

快速檢索

學名	*Sipunculus nudus*	**分類**	星蟲動物門	**棲息環境**	沿岸、潛砂
中文名	星蟲、沙蟲	**屬性**	海生物種	**食性**	碎屑食性
其他名稱	英文稱為 Edible peanut worm。				
種別特徵	外觀呈蠕蟲狀，長度約十餘公分，體色灰白、粉紅至灰藍色，表面具有隨種類不同而異的凸起、顆粒或格紋。兩端稍有膨大，潛藏於砂層之中，以過濾有機碎屑為食。食用時需清除消化道與空腔中的泥沙；除作為食用外，亦作為環境指標生物或是釣餌。				
商品名稱	星蟲、沙蟲、土筍。	**作業方式**	徒手採集，目前則已陸續有商業性養殖。		
可食部位	充分清理後的軟體部分。	**可見區域**	中國大陸東南沿海、臺灣金門與馬祖等地。		
品嚐推薦	新鮮經充分清理後可以快炒，或搭配具漳泉或福州風味的炒麵、煮麵與炒粿條等；搭配高湯燉煮可放涼後結凍，作為宵夜小吃；乾製品則多用於煲湯燉品調味提鮮之用。				
主要料理	大火快炒、燉煮後放涼凝結成凍。	**行家叮嚀**	建議先品嚐並充分消化後，再去理解食材，以免壞了食慾與心情。		

調味提鮮

調味配料或風味蘸料使用

扁魚

薄薄一片，威力無窮

可別見其身形扁薄，特別是曬得透亮時乾燥酥脆，小小幾片，便能立馬讓湯汁鮮美，風味硬是提升好幾個檔次。不論是在沙茶醬、潮汕火鍋乃至經典臺式風味的白菜滷中，盡展腥鮮風味的扁魚，反倒退居幕後，絲毫不讓人覺察在風味上扮演的關鍵角色。

一般俗稱的扁魚，來自沿岸淺水灘地捕獲的小型比目魚，隨種類或有狹長或扁圓不等，但特徵則為眼睛總長在同一側，並以縱扁與底棲生態，隱藏於底砂淺層。捕獲後的魚體多會以日光曝曬，使其方便保存，烹調前取出以熱油煸香，雖然最終在製醬、熬湯或燉滷中骨肉盡化，但卻留下無比芬芳鮮美的風味，值得細細感受。

這類外型特殊且有別於多數魚種外觀的類群，從多棲息於河口半淡鹹水處，最大體型不足盈握的小型種類，到可達數百公斤的溫帶大型種類，多以其集中於單側的雙眼與口部，以及明顯縱扁且多呈卵圓形的身體，與圍繞兩側的背鰭與臀鰭，讓見過的人留下深刻印象。其實這些分別被依型態特徵或科屬種別不同而分別被稱為鰈魚、鮃魚或鰨魚，或是一般俗稱為比目魚、半邊皇帝魚與牛舌魚的種類，因肉質細膩與風味特殊，而是消費市場經常可見的食用的種類。

有趣的是，不論是眼睛集中於左側的「鮃」或右側的「鰈」，他們在發育至幼魚階段前後，眼睛都與多數魚類相同皆一般位於兩側，同時可以正常在水層中自由泳動，只是隨著個體成長，漸漸的眼睛受到內分泌生理調控的影響，而漸漸開始產生眼睛位移動，同時行動也趨於近底棲，最終雙眼僅見於單側。不過可別小看這些多數時間埋藏於砂層中的魚類，大多都是動作敏捷、生性兇猛且食量明顯的掠食者。

體型別具分量的大型種類，特別是分布於溫帶海域的比目魚或鰈魚一般體型較大，甚至可以達到數百公斤，且因肉色潔白、質地細緻、擁有豐富油脂，因此成為市場常見魚貨食用對象。且產量堪稱充足，在南、北半球乃至極區亦有分布。所以並不受限東西飲食文化，而亦多有普遍常見的烹調與品嚐取材料理。只是在相對珍惜並重視資源、偏好海味且靈活利用各式加工與烹調技巧的亞洲，一些看似食用價值相對較低，或是甚至其身形扁薄或體型嬌小的比目魚種類，或許不具鮮食或料理價值，但仍經過日曬乾燥、熱油煸炸並搭配不同食材，依舊能成為別具特色的迷人滋味。

在偏好食用白肉魚，且多以魚片、魚塊或魚排等不具皮層與骨刺的清肉淨肉，並多搭配以焗烤、裹粉或裹漿酥炸的歐美，大型比目魚與鰈魚多已是尋常美味，其中搭配佐味的醬汁，則以奶油、番茄醬或滋味酸香的塔塔醬為主。而在亞洲，雖有分別自不同區域進口的冷凍漁獲，但善於利用食材展現特殊風味，方最顯迷人。特別是將不足盈握且明顯扁薄的比目魚與舌鰨，經加工與繁瑣製程後，分別表現於蘸醬製作、湯菜或火鍋中，也能展現絕妙風味。

比目魚與鰈魚身形看似扁薄，但只要稍具分量者，仍能從較厚的背側取下不少肉質，並分別應用於生鮮品嚐、乾煎、焗烤或酥炸料理，同時口感彈脆的鰭邊肉，或是經高溫熱油酥炸而焦香爽脆的魚鰭與魚骨，也多是箇中美味。

一般宰殺對象若為活魚，多半需要經過活締、神經締與放血等人道處理，同時在削除鱗片後，分別由體中線處向兩側取下肉質，並依據料理與品嚐需求決定是否撕除魚皮；而冷凍輸入的格陵蘭比目魚，則多已為二去或三去[14]冷凍魚身，僅需斜切後便可料理。倒是體型有限的扁魚，受限體型嬌小不易處理，所以稍大者偶會去頭、去肚與去鱗，甚至為求快速與充分乾燥而片開；但若是僅數公分的小魚，則不加任何處理而將整尾直接乾製。曬製的扁魚多以低溫乾燥保存，同時應避免重壓、碰撞或頻繁撥弄導致破碎；使用前多無需泡發，僅需以熱油煸出腥香氣味，便可為料理添香增味。

這類以小型鰈魚、比目魚或鰨魚等，經乾製而統稱為「扁魚」的食材，因為用途特殊，少見於一般傳消費或收鮮超市場。而若要採購與利用，專售南北乾貨或別具規模的食材雜貨店鋪，或許可見。

扁魚主要為潮汕、港粵與福建一帶所使用，而因地緣與遷徙交流，也多可見到深受閩菜與粵菜影響的臺菜，特別是標榜傳統風味的臺菜中，發揮芬芳氣味，並成就不可或缺的風味靈魂。例如標榜正宗汕頭風味的沙茶醬或火鍋中，便多有使用以熱油煸香的扁魚，與花生粉、芝麻粉及蝦米等，作為調味提鮮的主要素材。而汕頭牛肉火鍋，更須以扁魚做為開鍋素材，方能展現芬芳濃郁的特殊氣味。港粵料理中或有使用作為調味取材的常見使用的大地魚，多以約莫巴掌大的乾製全魚或罐裝粉末販售，其不論在就取材、製程與風味上，多與臺灣所稱的扁魚極為類似，並是從雲吞湯到煲湯中，經常可見的調味素材。

多搭配清粥小菜品嚐，看似尋常的白菜滷，風味好壞與品質良窳，往往在於取材是否傳統道地，因此除了大白菜與用以調色提鮮的香菇與胡蘿蔔絲以外，若能放入一些以熱油煸香的扁魚、蝦米、蛋酥、蹦皮或豬油渣，風味也能更顯鮮香誘人，為這看似尋常平價的小菜，提升至一如用料豐富的「菜尾湯」一般豪華。

同場加映

多以底拖網捕獲的小型鰈魚、鮃魚或舌鰨，與其將這些混獲或副產漁獲（bycatch）作為混入飼料投餵的下雜魚，倒不如挑選體型適中者，掌握鮮度並經妥善挑選打理後經以日曬風乾，製成滋味鮮香且可廣泛應用於各式蘸料、湯菜或是火鍋中的扁魚。再不然，則是可經烹炸或烘烤後使其質地酥脆，隨後裹上滋味鹹香的糖漿，並趁凝固前蘸上事先炒香的芝麻粒，風味濃郁且口感鮮明，俗稱為「蜜汁魚乾」或「魚酥魚」的美味零嘴吃食於焉誕生，不論是作為休閒零嘴小吃，或是成為佐餐配酒的良伴，也都可享受這類看似貌不驚人，但卻有著十足海味的食材魅力。

14 漁獲處理方式，多用於描述商品在展示或銷售時的處理狀態。三去為去鰓、去鱗與去內臟，而二去則僅去除其中兩項；去除部位則隨商品形式、用途與消費需求而定。

快速檢索

學名	鰈形目 （Pleuronectiformes） 小型種類或小魚	**分類**	硬骨魚類	**棲息環境**	河口、沿海
中文名	依種別不同而定，但多為鰨、鰈或鮃的小魚或小型種類	**屬性**	海生魚類	**食性**	動物食性
其他名稱	英文稱為sole fish；日文漢字為鮃。惟一般稱為扁魚者多為相關種類的乾製品。				
種別特徵	一般多以亞成或成熟個體雙眼位於左側者為鮃，而右側者則為鰈，身形狹長且多呈長水滴型者為鰨；所有種類皆具明顯縱扁體型，底棲性，有眼側（或稱背側）顏色較深或具明顯花紋，盲側（朝下側）則顏色相對清淺許多。口部開口位於前緣，部分種類口裂斜至眼後；動物食性，以小型魚蝦為食。				
商品名稱	扁魚	**作業方式**	主要以拖網捕獲，但多為副產漁獲		
可食部位	去除頭部與內臟後之全魚	**可見區域**	西南沿海為主臺灣本島與澎湖		
品嚐推薦	標榜傳統或正宗風味的汕頭沙茶醬或汕頭牛肉火鍋中，多會添加熱油煸香的扁魚以之調味提鮮，而用料純正且口味道地的白菜滷，也多有添加扁魚以強調遵循古法與風味正宗增加風味。				
主要料理	蘸料添加、湯菜或是火鍋湯頭及鍋底	**行家叮嚀**	熱油煸至釋放香氣即可，勿因過火而產生過於濃郁的焦苦氣味		

柴魚

煙燻火燎

臺灣不論在本地加工製作技法，乃至食用柴魚的習慣上，多半來自日本間的飲食文化影響。東部海岸因洄游途經的鰹魚，在煙燻火燎與時間陳放下，隨著水分愈顯降低，愈見迷人的濃郁風味反倒更加濃郁。質地與色澤皆似薪柴而得名，但隨刨刀來回推拉，如花朵持續綻放般的柴魚花，帶著濃郁腥香，讓湯汁與涼拌增色不少。

若以中文名「柴魚」在網路上搜尋資料，查到的多指是一種活動於沿岸淺水或珊瑚礁環境，類似蝴蝶魚的中小型種類。不過場景一換，在店鋪、市場或餐桌上所稱的「柴魚」，則是主要取材自鰹魚，分別依序經炊蒸、修飾、煙燻與存放所製成的特殊食材。柴魚雖然多數色澤黝黑且質地硬脆，一如木材般硬實的質地，不論使用與品嚐前皆須費事刨製，但隨轉變為輕柔薄片，卻能立即釋放令人難以抗拒的鮮味。

出現在消費市場，多有使用的柴魚形式有三，一是經燻製、乾燥與存放製成的棒狀或塊狀的原貌，另一則是在使用前才依需求刨成不同厚度的薄片，或是因充填氮氣保鮮，並為避免潮濕而使包裝顯得飽滿鼓脹的柴魚花。其三則是在製作兩者過程中，刻意或最後所收集的碎屑或粉末，雖然商品價值相對較低不如前述兩種，但卻因為鮮美芬芳絲毫不打折扣，所以相對廣泛的應用於多作為調味佐料中添加使用，並彷彿變魔術般，讓料理風味立馬鮮活且明顯提升。

棒狀或長條狀的柴魚，來自鰹魚左右背側與腹側肉質，其中尤以背側肉質豐潤、比例相對明顯且完整，因此為製作柴魚的上品。此外，柴魚也隨製作取材種類、體型大小、油脂分布與鮮度狀態，以及後續的燻製、乾燥與陳放熟成過程，而再加以區分為「本節」、「荒節」或「枯節」，並隨商品形式不同，在外觀、質地、氣味與價格上皆有明顯差異。

本地食用柴魚的風氣乃至相關製作雖源自日本，但隨烹調料理與飲食習慣差異，在取材、製作與料理品嚐上卻仍有差異。主要原因是除日本料理與極少數的臺式吃食或小菜中會有少量使用，同時在風味上少有專注或講究，但相關風味及其應用表現，卻因在日本擁有漫長發展歷程、不斷鑽研並隨時間累積純熟技術，甚至其與昆布及味噌，為日本飲食風味的三大主軸，因此其重要性與必要性可見一斑。

日本被視作製作俗稱為柴魚的鰹節的發源地，同時迄今仍保存大量生產、專注製作且廣泛利用的習慣，所以舉凡天麩羅的醬汁、蕎麥麵與烏龍麵的蘸醬或湯底，直到包括每餐多有搭配的味噌湯，或在特定壽司材料的醃漬與各類炊物、煮物與火鍋的調味中，也可見到柴魚與多種材料的良好搭配，並呈現出不慍不火，溫暖芬芳的誘人鮮香。而國內主要利用，扣除多與日本料理相關的小吃、醃漬、煮物或鍋物利用，常見的則如廣泛應用於皮蛋豆腐、韭菜或是撒在各類涼拌菜上，以利點綴並提升風味。

在臺灣製作柴魚的取材，主要來自特定種類的多獲性紅肉魚類，而其中又以俗稱炸彈魚或煙仔的種類為主。不過對於講究食材與風味差異，甚至分別於蘸料、湯頭或火鍋等風味差異，乃至隨東京或京都等地區性偏好不同，而從取材、製程、刨製與烹煮操作上都有所區分與指定，也因此，在日本多可見到分別取材不同諸如鰹魚、鯖魚乃至鮪魚及其特定部位所製作的鰹節，並且隨製程差異、風味及其用途，區分為本節、荒節與枯節。為避免風味鮮明的紅肉魚類在製作過程腐敗或品質難受控制，所以在釣獲後與宰殺時，多會盡可能的以活締及放血等人道處理避免產生質變與汙染，以利於後續製程中的鮮度品質掌控。炊蒸有利於蛋白質變性固定並避免腐敗，而燻製並讓表面生長與覆蓋以黴菌為主的微生物，則讓在持續脫水下的柴魚，風味隨陳放時間而愈顯醇厚。不過若要充分展現食材的誘人美味，還多與保存、使用前的刨製厚度與入鍋火候、溫度與時間，方能展現那更勝鮮魚的絕妙滋味。

許多人對於柴魚的印象，多來自那傳統市場或雜貨店中總是高高掛起，然後整袋飽滿鼓脹但卻重量極輕的柴魚花，不然便是那分別出現在皮蛋豆腐、味噌湯或涼拌韭菜的表面的碎屑薄片。其實柴魚的利用不僅如此，在充滿臺式風味的魷魚羹、肉羹與麵線中，其實都有藉由添加柴魚調味提鮮的巧妙利用，甚至乾燥鬆爽的柴魚花，還總能提供香脆口感，並且有著滿是魚鮮腥香的風味。欣賞其在受高溫時，而在煎餅或湯汁表面上如同舞動般的持續變化，也極富趣味並讓食慾大開。

昆布、味噌與柴魚，是足以代表日本料理或和食的風味代表，其中柴魚更因取材多樣與廣泛利用，伴隨時間積累，成為極為講究的調味素材。除挑選製作魚種外，刨片厚薄與使用時機也關乎風味表現。一般多在尚未滾沸時加入旋即關火或離爐，同時僅浸泡數十秒而幾無久煮，如此一方面可讓鮮味充分釋放，另一方面，則可避免過於鹹澀、苦腥或讓湯色過濃混濁，並以保有鮮甜。

同場加映

柴魚是風味極其特殊的食材，不過在國內多因認識較少，特別是國內製作取材來源有限且數量種類相對單純不多，同時僅用途多僅是涼拌搭配或湯熬製高湯，而不免可惜。其實除了柴魚以外，各類乾製魚乾也多因有著迷人滋味，而適合以類似柴魚的方式應用，例如滋味芬芳的白骨鱙或丁香，以及體型稍大的且多以包括青鱗仔、苦蚵仔或臭肉等俗稱的鯷、鰮或鯡等，不論是乾品或煮乾品，都是用以熬煉湯底的良好素材。或是喜歡口感嚼勁者，也可稍稍以溫水將魚乾復水回軟，再經油煸、快炒或燉滷收乾，也多有愈嚼愈香的風味。或是將其整尾或分拆去除頭尾與中骨後，搭配蒜瓣、豆豉與辣椒同炒，作為配飯佐餐或下酒的絕佳良伴。

15 使用種類廣泛眾多；但主要常見者如多以不同種類的鰹魚為主，而在日本則有甚至包括飛魚、鯖魚、鰺魚、鰆魚乃至鮪魚等取材製作。

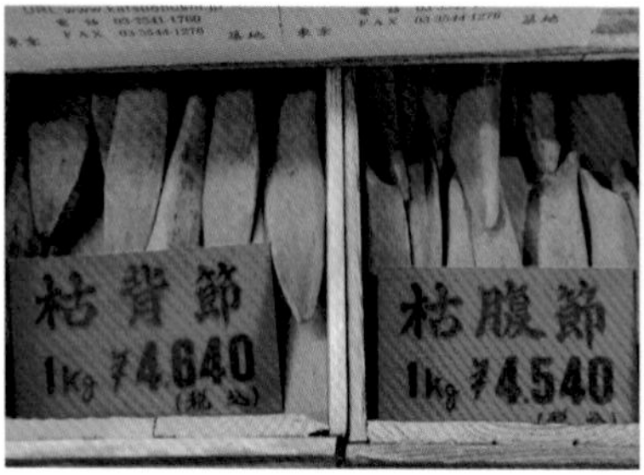

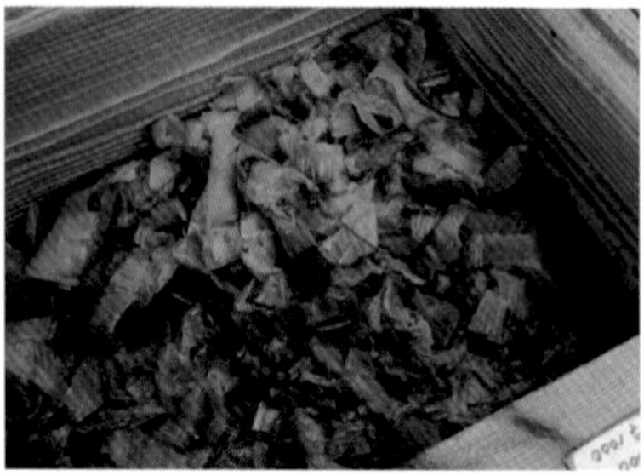

快速檢索

學名	*Katsuwonus, Euthynnus* 或 *Auxis spp.*	**分類**	硬骨魚類	**棲息環境**	沿海、近海
中文名	飛魚、鯖、鰺、鰹、鰆、鮪等[15]	**屬性**	海生魚類	**食性**	動物食性
其他名稱	英文稱為bonito flake；日文漢字為鰹節，並依其製程不同與商品差異區分為本節、荒節與枯節。				
種別特徵	不論種類差異與體型大小，皆屬於沿近岸的表層洄游魚類，因此除體型皆呈流線的紡錘形外，且體表光滑帶有金屬光澤；其中背部多為相對暗沉的灰藍至藏青，並於其上隨種類或有水波狀的紋路，而腹側則多顯銀白。				
商品名稱	柴魚（刨製成薄片者則稱為柴魚花）	**作業方式**	延繩釣、誘釣、圍網或定置網。		
可食部位	除去骨刺與魚皮的魚肉。	**可見區域**	商品方便購得，但主要生產以花東地區為主。		
品嚐推薦	從一般小菜的涼拌韭菜與皮蛋豆腐，或具有鮮美風味的各類羹湯、拉麵或火鍋中，包括許多滋味鮮香的調味粉末或蘸醬中，也多可見到使用柴魚調味提鮮；而近年時興品嚐的章魚燒或大阪燒等日式料理，也多有在品嚐前添加柴魚以增添口感風味。				
主要料理	調味、涼拌搭配或熬製湯頭。	**行家叮嚀**	刨製後極易受潮並影響風味，亦不適於高溫下持續滾煮。		

魚露

鮮上加鮮

隨取材不同多有顏色與風味上的微妙差異，原料僅有鹽與各類以大量收成、平價和不易保鮮且體型有限的小海魚，經過微生物與時間的醞釀，則成為色呈琥珀的澄清汁液；鹹香鮮美，尾韻甘醇。雖然製做過程不免讓人難以想見風味，但淬鍊後的滴滴鹹鮮，卻在許多菜式與蘸醬中，具有畫龍點睛的神奇功效。

看似顏色由金黃至淺褐的尋常液體，同時多以類似醬油般或是更小的玻璃瓶盛裝，而從其滿是古意的色彩、文字乃至圖案所組成的外包裝，很難想見其中所具有的風味，是經過溫度與時間淬鍊，鮮上加鮮的一抹迷人鹹香。

所謂「魚露」是以魚類為取材，並在一定鹽度下使其發酵後，經沉澱或過濾所產生出的汁液，並依據需要選擇是否加熱烹煮或陳放，以確保其品質穩定，並做為調味料形式及其應用後所販售的商品。當然，部分臨海漁村或漁獲產地，偶爾會有自家私製自用的珍品，或是目前多有以工廠大規模生產的常規商品，藉以滿足市場需求。只是，當魚露使用在各式蘸料調味或在各色料理中，擔任烹調提鮮的重責大任之時，早已不見其原本取材的樣態；甚者當多數人感到菜色可口鹹香且尾韻十足，或有入喉回甘風味之際，也不太能察覺並感受其中多有來自魚露的貢獻。

因為製法、風味與應用皆與醬油極為類似，魚露也因此或被稱為「魚醬油」；箇中風味不僅是來自用以抑菌或有利久藏的鹽分，同時也包括鮮魚素材中的蛋白質，經微生物分解利用，以及與微妙時間及溫度持續積累下的共構發展，而最終被分解為富含各類胺基酸組成的絕妙風味。當然，隨不同地區、季節與環境資源狀態不同，魚露的使用可從名不見經傳的小魚，到特定取材種類及其部位，但相同的卻是那十足誘人的鮮鹹回甘。

廣泛且頻繁使用，甚至因為常見表現於各式料理中，儼然讓魚露成為特色代表的東南亞料理，是最擅長表現其鹹鮮風味的代表；常見者如泰式料理中的涼拌海鮮、涼拌木瓜絲以及月亮蝦餅的沾醬，而酸辣蝦湯、魚湯，更是將魚露充分融入其間，搭配其他香料一同表現，或是越南料理的魚餅、蝦餅、烤肉與春捲，也可在各式蘸料中見到魚露展現迷人滋味。或是滋味酸香的常見蘸醬，多以魚露為基底，搭配芫荽、九層塔、生蒜與鮮辣椒，更是十足搭配合拍。或許有趣的是，魚露並不是任何一道專屬菜式的調味，但是卻能在各家各味的搭配上，不論是在各類沙拉涼菜、烹炸或是燒烤的蘸料中，總可見到魚露盡情釋放迷人鹹香。而另在湯點、各類麵飯主食或是取材禽畜產在烹調料理前的醃料中，也可見到風味鹹鮮的魚露，盡責地扮演調味提鮮的角色。

許多人會認為魚露多是來自臭魚爛蝦發酵而成，但實其特殊風味不但受用料取材種類、及其品質鮮度與發酵時間所影響，同時也與製作過程的鹽分比例、發酵時間快慢乃至後端的加熱或類似高品質酒類的「勾兌」處理，有著密不可分的微妙關聯。

例如魚露製作常見取材多是以捕獲量大，但鮮食價值不高的小型沿岸洄游魚類，在東北角與北海一帶多為俗稱為白骨鱙、青鱗仔或苦蚵仔，長度僅數公分至不足盈握的小魚。而在澎湖周邊海域，則可能來自包括多種類的鯷魚與鰮魚等。至於在以越南及泰國為代表的東南亞，魚露製作的取材則更為廣泛，甚至包括了部分來自河口或淡水區域的物種，同時也不非得限定於魚類，而偶有以蝦類或蟹類為製作素材。

製作魚露的這些小魚，不但幾無鮮食價值，同時在操作處理上也受限無法刮鱗開肚去除內臟，因此打製作開始，便是將漁獲與鹽分，依據特定比例層層交疊於深度明顯的木桶、瓦缸或是深達數米的水泥槽中，然後持續觀察其受環境溫度與微生物的作用，並藉由適時調整鹽度，以避免雜菌汙染與產生腐敗惡變，等待漸漸可見那分離的褐色液體產生，鮮美風味便指日可待。

在充滿南洋風味的泰國或越南風味餐廳中，總可頻繁嚐到魚露的特殊滋味。除了在包括酸辣魚湯或蝦湯，以及各類諸如涼拌青木瓜絲或香蕉花，以及各式熱炒菜式調味外，亦不乏包括越式烤肉或春捲的甜酸蘸醬中，魚露也充分發揮其無比鹹香魅力。而這種特殊的調味，也多廣泛應用在包括鄰近的馬來西亞、印尼與新加坡等菜式中，特別是其取自魚鮮海產的特殊風味，不但鮮少受到當地宗教信仰的限制，同時基於飲食文化與口味偏好，反倒甚受歡迎並分外普及。

而在中式料理中，專擅各類游水海鮮的潮汕料理，以及廣義的港粵菜系，與鄰近區域的福州菜乃至臺菜中，也多可見到不乏魚露以其若隱若現的風味特色，為各類餐點菜式增色不少。從簡單的蘸料與醃料，到伴隨清蒸、快炒、燒燴或燉滷等各式料理，也多有以適當比例的魚露調味提鮮，而相對於醬油的醬味陳香與濃郁顏色，鮮爽清新的魚露不但能讓鹹鮮富於層次，同時那多隱而未現的芬芳氣息，以及在口中持續迴盪的甘醇鮮美，則反倒是令人著迷與回味再三之處。

同場加映

隨著近年來移工與新住民的到來並融入本地生活，在國內街邊巷尾，格外是具有漁業或基礎生產與加工聚落的鄉鎮縣市，不乏許多因應生活需求與口味而衍生的印尼、越南或泰國商店，其中除供應生活日常所需外，同時也多有風味特殊，同時原汁原味的當地食材與調味佐料，而經常與魚露一同陳列販售的，還包括包裝小巧精緻同時價格平實的「蝦油」與「蝦醬」。與魚露相同類似，經過鹽分醃漬與發酵的蝦油與蝦醬，帶有一股濃郁的鹹腥，而這等風味會在一經小火熱油輕煸或爆香時完全釋放，因此只要簡單的加上當令盛產的新鮮菜蔬，大火簡單爆炒即可，一盤在新加坡或標榜東南亞風味的餐廳中被稱為「馬來風情」的美味菜式於焉誕生。當然，用作調味、湯品或是經爆香後調和為蘸料，也是分外鮮香的特殊滋味。

快速檢索

成分	體型小或不具鮮食價值的漁獲。	**分類**	加工製品	**葷素屬性**	葷食
取材來源	臭肉鯧、青鱗仔或白骨鱙等。	**加工類別**	醃漬發酵	**販售保存**	常溫、冷藏
商品名稱	一般稱為魚露或魚醬油，英文中以fish sauce表示。				
商品特徵	多以玻璃瓶盛裝，質地透明，顏色為金黃、淺褐至深褐，其中風味與顏色差異來自用料取材與製作程序，而鹹味與鮮味則為各家特色。主要用於菜式調味提鮮，也或有利用其鹹鮮風味而表現於蘸料之中，為潮汕、港粵、閩南乃至東南亞料理中常見調味取材。				
商品名稱	魚露、魚醬油；亦有隨用料取材不同而標示為蝦油。	**烹調形式**	多用於料理調味或配製蘸醬使用。		
可食部位	適量添加以調味提鮮。	**可見區域**	漁獲產地周邊或專售東南亞食材的店鋪。		
品嚐推薦	潮州菜中多以專擅游水海鮮烹調為強項，其多樣化的蘸料與複雜調味，便多有使用魚露；或在以越南及泰國風味為特色的餐廳中，舉凡涼拌、熱炒與湯點及其蘸料亦多有使用。				
推薦料理	涼拌添加或燒烤及烹炸的蘸料。	**行家叮嚀**	醃漬產品可能有過高的亞硝酸鹽，因此在使用量與頻率上應稍加控制。		

曹白

鮮鹹不同味，乾濕兩相宜

冬令之後，雖有肥美生鮮漁獲，但與其鮮食，吃主饕餮更多時候樂意稍待個把個月，讓分別經鹽醃、乾製或油浸的力魚，華麗轉身為風乾、鹽醃或由浸的曹白，在質地與風味的微妙變化下，享受那經過時間淬鍊的迷人氣息。不論是拆散後蒸肉餅、添加於炒飯或就只是以黃酒淹至表面後上屜蒸熟，都是值得細細品嚐的老味道。

魚長得還算俊俏，同時還有一對水靈透亮的大眼，以及閃爍反光如明鏡般的光潔鱗片，只是多數人礙於質地間的密集細刺，因此多敬而遠之。但對於喜好風味的吃主而言，卻是期待終年的美味。鮮食雖有，但加工更加，分別日曬、醃漬與油浸等甚至還得使用複雜工序與專門技法，只為保留讓那鹹鮮腥香鮮美愈加的迷人，同時還可享受一整年滋味。

在外形或烹調料理方法上，倒沒有太多奇特之處，只是隨商品形式與販售地點不同，而在名稱上有著巧妙的變化。新鮮的現流漁獲，多以刀魚或力魚稱之，前者來自其扁薄如刀般的外型與銀白光澤，而後者則來自中文名中「鰳」字依約成俗並經簡化的口語表示；不過若將場景換成是專售南北貨的商行，則會發現這魚不論是乾製、醃釀或是油漬，則多皆以「曹白」稱之，而其形態也由原本多以整尾販售的鮮魚，轉變為整尾乾製、切成約莫巴掌般大小的塊狀或輪切片狀，乃至拆散而成為以密封包，或於其中充填醬汁與食用油浸泡的玻璃裝罐盛裝。

而不同的商品形式，正意味著不論以刀魚或曹白稱之的「鰳魚」，除鮮品與鹽製後的商品各具風味外，同時經過溫度、鹽分與時間的修飾，多還能在質地或滋味間，呈現出截然不同的樣貌——特別是油浸或鹽醃的那股鹹香，多是成就許多傳統風味與經典菜式之所以迷人雋永風味的關鍵。

由於鰳魚的骨刺甚多，因此在華人地區以外，罕有料理食用，而僅做為休閒垂釣的對象，以俗稱路亞（Lure）的假餌在水中拖行不時產生的反光、氣泡、震動與聲響後，吸引具有掠食性的本種追咬上鉤。不過對於偏好海味的亞洲地區，特別是善於欣賞並料理各類河鮮海產的日本，則對鰳魚質地間獨具的細膩甘甜與濃郁油脂芬芳難以抗拒，因此即便骨刺甚多、料理繁瑣且品嚐困難，仍有足以對應之道。例如日本常見多以密集下刀的骨切，藉由斬斷質地間的密布魚刺，並使其不致刺口哽喉，然後再以滋味甜香的醬汁燉滷，享受那時令鮮魚的誘人肥美。而在臺灣本地，則依循了中國沿海對於此等美味的料理與品嚐習慣，鮮品多以乾煎或清蒸——其中特別是搭配黃酒系列香氣最是對味，而鹽醃或油漬商品，則多會在拆骨去刺後，添加於麵點餡料、湯菜乃至炒飯之中，作為調味提鮮使用。

鰳魚的宰殺方式與一般魚類相同，不過講究的吃主，除僅挑選入冬以後的肥美魚體品嚐外，同時還多會吩咐魚販無須宰殺，或僅除去魚頭內的鰓部與臟器後，而保留體表外的鱗片完整。因為當令漁獲多有豐富膠質與脂肪，因此品嚐方式類似鰣魚，往往保留鱗片一同烹煮。雖說不如記載中以棉線穿針將一片片魚鱗串起，然後在蒸魚時擺放其上，使其受熱後將融化的脂肪與膠質滴淋魚肉表面，但卻有刻意保留體表鱗片，並在品嚐時先以筷尖刮下後，再將細嫩的魚肉送入口中品嚐。

由於本種身形單薄且質地間多有緻密且在末端分岔的細刺，甚至對於疏於品嚐魚鮮的人們而言，毫無章法的魚刺分布，往往令人直接打消品嚐意願。因此除在日本多以骨切方式料理，同時在中華料理中，亦有分拆鹽醃或油漬魚肉，並將其混入肉餡、湯菜或是米飯之中，使其品嚐可以不受骨刺影響，方便人們痛快享受卻也能同時感受迷人的鹹鮮芬芳滋味。

冬季捕獲的鰳魚不但個頭偌大，同時體型肥美，挑選時可以大尾及背部肥厚者為優先，其中魚體軀幹硬挺僵直硬實者，也多意味著現流漁獲的絕佳鮮度。新鮮的鰳魚最適宜清蒸，但蔥蒜風味往往過於辛辣，就更別說其他鹹味明顯的醃瓜、醬筍或是豆豉，簡單的鹽、少量薑絲以及具畫龍點睛功效的黃酒最是對味。而在蒸煮時不妨於盤中多加些水，甚者還有在魚肉上方放上鹹豬肉或家鄉肉數片，如此蒸出的鰳魚不但鹹鮮芬芳，同時醬汁也多是拌飯拌麵的好搭檔。而細細品味那甜香細緻的肉質，更是冬季最迷人的享受。

如果擔心時令不對，或是礙於質地間難以盡除，且總讓品嚐倍顯棘手的骨刺，則不妨可以選擇鹽製或油漬的曹白。這被稱為曹白的加工品，是加工後鰳魚的商品名稱，也意味著分別依據工序不同，經過風乾曝曬、鹽醃或酒浸，在傳統商號或南北貨商行中除分別以玻璃罐裝或密封袋包裝的分切小塊供應外，同時還有以貼心拆散成碎肉的商品，方便在製作高湯、鹹魚蒸肉餅、鹹魚炒飯或是炸肉丸時添加使用。原本死鹹的鹽製或乾製品，一旦碰到鮮肉後，便立即讓鹹味下降許多，甜味多被烘托並清楚呈現，曹白發揮了出人意料的調味提鮮功效。

同場加映

與俗稱曹白或力魚的鰳魚具有類似外型與生態的種類，還包括「大眼海鰱」與「夏威夷海鰱」。前者多為休閒垂釣的主要挑戰對象，而後者則不時出現於沿近岸的漁獲中，只是三者皆因為骨刺甚多，所以在一般市場中並不討喜，甚至還因為風味表現與品嚐價值遠遠不及鰳魚，而總是乏人問津。在加工或南北貨市場中，多可見到乾製、鹽醃或油漬的曹白，雖以鮮魚製成，但從風味口感到料理應用，卻與鮮魚截然不同，因此在選購時，不妨可以稍微請教一番。而除曹白外，淡水中的鯉魚、草魚與青魚，多半被鹽醃並經風乾後製成「臘魚」，類似的製做利用，也不乏會取材以包括龍占、嘉鱲或是灰海鰻等海魚製做。特別是膠質豐厚的海鰻，略事浸泡清水脫去多餘鹽分後，與肥嫩的五花肉同燒，即成名為「鰻鯗」的經典風味，往往除有著引人入勝的鹹香表現，還多能藉由風味勾起了許多打小生長於眷村的人們，塵封已久的孩提或對家鄉的回憶。

快速檢索

<table>
<tr><td>學名</td><td>Ilisha elongata</td><td>分類</td><td>硬骨魚類</td><td>棲息環境</td><td>沿岸、中層</td></tr>
<tr><td>中文名</td><td>長鰳</td><td>屬性</td><td>海洋魚類</td><td>食性</td><td>動物食性</td></tr>
<tr><td>其他名稱</td><td colspan="5">英文稱為Elongate ilisha；日文漢字以「平」表示。</td></tr>
<tr><td>種別特徵</td><td colspan="5">身形呈現紡錘形，但卻明顯側扁；具有一對比例鮮明的大眼，同時口裂寬闊。全身帶有具金屬光澤的銀白色，成熟時胸鰭會呈現鮮豔的黃色。體單薄，尤其以腹側為最，而背部相對厚實。質地間密布多有在末端分岔的細小魚刺，因此商品價值不高，而多以加工鹽製或油漬後販售，品嚐亦多集中於特定族群。</td></tr>
<tr><td>商品名稱</td><td>刀魚、力魚或白力魚，乾製品則稱為曹白。</td><td>作業方式</td><td colspan="3">拖網或圍網捕捉，偶誘釣可得。</td></tr>
<tr><td>可食部位</td><td>全魚，主要以肉質為主。</td><td>可見區域</td><td colspan="3">臺灣周圍沿海皆有，以東北角與西南沿海產量較豐。</td></tr>
<tr><td>品嚐推薦</td><td colspan="5">新鮮漁獲多取中段加入黃酒調味後清蒸，亦有煎製表面焦香後直接食用或再行燒燴。鹽製品或油漬品多取肉並拆散後，作為料理中調味提鮮使用，常見者例如鹹魚炒飯或鹹魚蒸肉餅等。</td></tr>
<tr><td>主要料理</td><td>清蒸、乾煎或燒燴。</td><td>行家叮嚀</td><td colspan="3">肉質中布滿末端分岔的細刺，品嚐時需特別小心留意。</td></tr>
</table>

國家圖書館出版品預行編目(CIP)資料

怪奇海產店/黃之暘著. -- 初版. -- 臺北市：遠流出版事業股份有限公司, 2022.09
面；　公分

ISBN 978-957-32-9710-9（平裝）

1.CST: 海鮮食譜 2.CST: 烹飪

427.25　　111012494

怪奇海產店

海島子民的海味新指南

作　　者——黃之暘

主　　編——許玲瑋
校　　對——魏秋綢
封面設計——謝佳穎
內頁版型——日暖風和
排　　版——立全電腦印前排版有限公司

發 行 人——王榮文
出版發行——遠流出版事業股份有限公司
地　　址——104005 台北市中山北路一段11號13樓
電　　話——（02）2571-0297　　傳　　真——（02）2571-0197
著作權顧問——蕭雄淋律師
遠流博識網 http://www.ylib.com

ISBN 978-957-32-9710-9
2022年 9 月1日　初版一刷　　定價600元
2023年10月5日　初版三刷